国家自然科学基金面上项目(51974297)资助
国家自然科学基金青年基金(52104155)资助
北京市自然科学基金项目(8212032)资助
学科前沿科学研究专项面上项目(2019XKQYMS50)资助
煤炭开采水资源保护与利用国家重点实验室开放基金项目(SHJT-16-30.13)资助

生态脆弱矿区地下水库煤柱坝体损伤机理及控制

王方田　张　村　周保精　著

中国矿业大学出版社
·徐州·

内 容 提 要

本书以煤矿地下水库长期安全运行为目标，结合神东矿区地下水库工程实践，围绕煤矿地下水库坝体损伤破坏机理及稳定性控制技术进行了深入细致研究，主要内容包括煤柱坝体采动水浸宏细观分析、流固耦合数值软化模拟、大型流固耦合相似模拟、煤柱坝体合理宽度留设以及煤矿地下水库安全监测等内容。

本书可供采矿、安全、水利等领域的科技工作者、高等院所师生和煤矿生产管理者参考。

图书在版编目(CIP)数据

生态脆弱矿区地下水库煤柱坝体损伤机理及控制 / 王方田，张村，周保精著. —徐州：中国矿业大学出版社，2022.1

ISBN 978-7-5646-5300-2

Ⅰ. ①生… Ⅱ. ①王… ②张… ③周… Ⅲ. ①矿区—地下水库—坝体—研究 Ⅳ. ①TV62

中国版本图书馆 CIP 数据核字(2022)第015089号

书　　名　生态脆弱矿区地下水库煤柱坝体损伤机理及控制

著　　者　王方田　张　村　周保精

责任编辑　马晓彦

出版发行　中国矿业大学出版社有限责任公司

（江苏省徐州市解放南路　邮编 221008）

营销热线　(0516)83885370　83884103

出版服务　(0516)83995789　83884920

网　　址　http://www.cumtp.com　**E-mail**:cumtpvip@cumtp.com

印　　刷　徐州中矿大印发科技有限公司

开　　本　787 mm×1092 mm　1/16　**印张** 11.25　**字数** 215 千字

版次印次　2022 年 1 月第 1 版　2022 年 1 月第 1 次印刷

定　　价　50.00 元

（图书出现印装质量问题，本社负责调换）

前　言

水资源保护与利用是当前煤炭绿色开采的重大难题之一。我国西部富煤地区(如神东矿区、宁东矿区)多处于干旱和半干旱的生态脆弱区,是黄河流域重要的煤炭生产基地,高强度开采引起水资源流失,导致地表植被死亡、荒漠化加剧,环境负效应愈加突出,地面水资源短缺与采空区水资源富集未有效配置的问题难以解决。黄河流域生态保护和高质量发展是事关中华民族伟大复兴的千秋大计,要综合治理、系统治理、源头治理。煤矿采空区残存的大量粒状颗粒具有较强的纳污能力,可有效去除矿井水中的悬浮物和胶体物质,矿井水净化后可用于降尘、洗煤、绿化,变废为宝。以顾大钊院士为代表的学者突破传统理念首次提出了煤矿地下水库储用矿井水的构想。煤矿地下水库工程秉持"导、储、用"新理念,是水资源保护利用的有效技术途径,不仅能为矿区生产生活提供丰富的水资源,同时也有利于涵养和保护黄河生态,具有广阔的发展前景。煤矿地下水库技术涉及水源预测、煤柱坝体稳定性控制、安全保障技术等多个基础理论和技术难题。其中,煤柱坝体占水库坝体长度比例高、孔裂隙结构复杂、受动静载和长期水浸影响,以及其稳定机理与控制成为煤矿地下水库建设与长期安全运行的核心问题。

本书以煤矿地下水库长期安全运行为目标,围绕煤矿地下水库坝体损伤破坏机理及稳定性控制技术,综合运用现场调研、实验室测试、理论分析、数值计算及现场应用等研究方法,量化分析了煤柱坝体复杂"应力-水"多场物理量,表征了重构不同损伤程度煤体"孔隙-裂隙"双重结构特征,探究了动静载应力响应机制和"孔隙-裂隙"双渗流演化规律,揭示了"应力-水"多场耦合作用下煤柱坝体累积损伤灾变机理,提出了煤柱坝体失稳溃决判据及合理尺寸留设方法,同时还提出了煤柱坝体长期安全智能监测控制技术。主要研究成果有:① 对补连塔煤矿、大柳塔煤矿等地下水库进行了现场调研,系统分析了煤矿地下水库煤柱坝体、人工坝体和残留煤柱的研究现状,进一步梳理了煤矿地下水库煤柱坝体难题。② 提出了基于 CT 扫描的煤样浸水前后孔隙及矿物成分演化情况量化分析方法,试验分析了浸水前后煤样孔隙率和矿物成分体积占比变化情况,发现孔隙率的增加主要是由于亲水黏土矿物成分溶于水,而大孔径裂隙占比减小的主要原因是孔隙内黏土矿物成分遇水膨胀和扩散附着。③ 通过加卸载损伤煤样水浸作用力学承载试验,发现在循环加载过程中煤样发生了累积损伤,循环加卸载 3 次煤样其裂隙的发育程度和损伤状况较为显著。④ 依据典型浅埋煤层地下水库地质生产条件,采用相似材料流固耦合模拟试验方法,分析了煤层开采过程中顶板岩层动态演化过程与煤柱应力演化特征,提出了可通过岩层渗压下降速率表征岩层裂隙发育程度,可将顶板渗压突降作为顶板来压垮冒的预兆之一。⑤ 根据现场条件及岩石力学测试结果,建立 $FLAC^{3D}$ 数值计算模型,分析了工作面超前支承压力和煤柱内竖向应力分布特征、巷道围岩塑性区发育特征、动载荷作用下的煤柱响应及围岩松动圈的发育程度。⑥ 采集了地下水库坝体的形变、位移、压力、震动值及水库储水区水压、水质等参数,利用 3DGIS(三维地理信息系统)技术对地下水库的空间地理信息进行准确表达,在此基础上结合三维组态技术将重点监测场景嵌入三维空间中,为地下水库安全监测提供多维手段。

全书共 9 章。第 1 章介绍了本书的研究背景、意义、国内外研究现状和技术路线;第 2 章系统分析了煤矿地下水库煤柱坝体、人工坝体和残留煤柱的研究现状,梳理了煤矿地下水库煤柱坝体难题;第 3 章基于 CT 扫描煤样浸水前后孔隙及矿物成分演化特征量化分析方法,采用煤样采动水浸力学试验,研究了采动和水浸作用下煤体的损伤破坏规律;第 4 章采用相似材料流固耦合模拟试验方法,分析了煤层开采过程中顶板岩层动态演化过程、煤柱应力演化特征、岩层渗压下降速率与岩层裂隙发育程度的关系;第 5 章研究了动态应力作用下煤柱损伤演化特征、矿井微震等动载作用下的煤柱坝体动力响应机制;第 6 章揭示了复杂应力场下采掘空间围岩裂隙发育特征、煤柱坝体裂隙场与渗流场演化规律、水浸作用下煤柱坝体损伤破坏规律；第7章研究了煤柱坝体不同留设宽度下的裂隙场、渗流场发育特征，确定了煤柱坝体合理留设宽度，并结合坝体稳定性关键影响因素提出了针对性控制技术；第8章提出了煤矿地下水库监测系统设计方案，并进行了现场应用；第9章对本书所做工作进行了总结、展望。

本书研究得到了国家自然科学基金面上项目(51974297)、国家自然科学基金青年基金(52104155)、北京市自然科学基金项目(8212032)、学科前沿科学研究专项面上项目(2019XKQYMS50)、煤炭开采水资源保护与利用国家重点实验室开放基金项目(SHJT-16-30.13)等的资助。在研究过程中，屠世浩、万志军、李桂臣、高杰、袁永、巩思园、屠洪盛、白庆升等老师给予了悉心指导。在现场调研及试验监测过程中，国家能源投资集团有限责任公司李全生、刘生优、曹志国、方杰、罗文、陈苏社、窦凤金、刘兆祥、王庆雄等领导和工程技术人员给予了大力支持，为顺利开展各项内容研究奠定了良好基础。课题组段超华、梁宁宁、赵宾、李岗、马奇、班建光、邵栋梁、魏学谦、范常浩、江振鹏、李哲、张辰凯、屈鸿飞、郝文华等研究生参与了现场调研、测试试验、数值计算及现场监测工作，在此表示衷心感谢。

由于作者水平有限，书中难免存在疏漏和欠妥之处，恳请广大专家学者和同行不吝赐教。

著　者

2021年12月

目　　录

第1章 绪 论

1.1 研究背景及意义

水资源保护与利用是当前煤炭绿色开采的重大难题之一，以顾大钊院士为代表的学者突破传统理念首次提出了煤矿地下水库储用矿井水的构想[1-2]。我国西部富煤地区（如神东矿区、宁东矿区）多处于干旱和半干旱的生态脆弱区，也是黄河流域的重要煤炭生产基地，高强度开采引起水资源流失，导致地表植被死亡、荒漠化加剧（如图1-1所示），环境负效应愈加突出，地面水资源短缺与采空区水资源富集但未有效配置的问题难以解决[3-7]。因此，如何协调西部高强度开采与水资源保护是西部煤炭绿色开采的重要难题[8-11]。黄河流域生态保护和高质量发展是事关中华民族伟大复兴的千秋大计，要综合治理、系统治理、源头治理。煤矿采空区残存的大量粒状颗粒具有较强的纳污能力，可有效去除矿井水中的悬浮物和胶体物质，矿井水净化后可用于降尘、洗煤、绿化，变废为宝[12-15]。因此，煤矿地下水库工程是水资源保护利用的有效技术途径，不仅能为矿区生产生活提供丰富的水资源，同时也有利于涵养和保护黄河生态，具有广阔的发展前景。

煤矿地下水库技术涉及水源预测、煤柱坝体稳定性控制、安全保障技术等多个基础理论和技术难题[16-22]。其中，煤柱坝体[23]（如图1-2所示）占水库坝体长度比例高、孔隙裂隙结构复杂、受动静载和长期水浸影响，其稳定机理与控制成为煤矿地下水库建设与长期安全运行的核心问题[24]。

煤柱坝体处于破断顶板侧向支承压力、上覆岩层压力、采空区静水压力及矿震冲击（由周边房式采空区大范围陷落或矿内采动厚硬顶板大面积垮落等引起[25]）等动静载叠加的复杂应力环境中，如图1-3所示。

煤柱坝体内部存在大量孔隙和裂隙，如图1-4所示。其中孔隙体积占比高，但连通性差、渗透率低，是水的主要储存空间[26-27]；裂隙体积占比低，但连通性好、渗透率高，是水的主要流动通道；两者渗流控制方程有明显差异，受扰动作用产生水力联系形成“孔隙-裂隙”双渗流场[28-29]。现阶段煤矿开采过程中涉及水

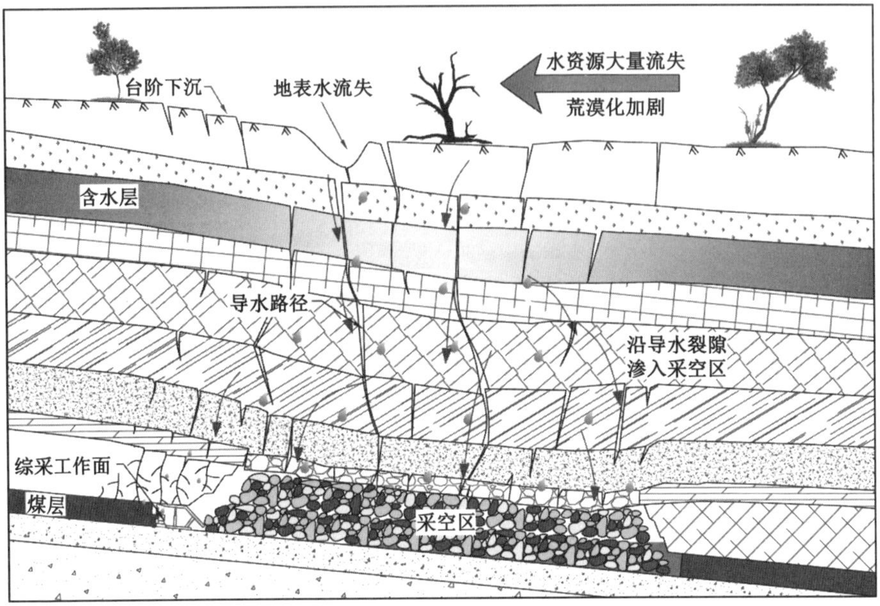

图 1-1 煤层开采引发的生态环境破坏效应

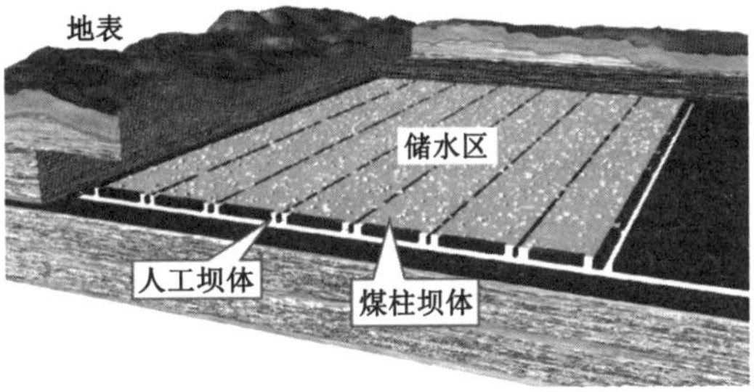

图 1-2 煤矿地下水库坝体结构示意图[23]

岩作用的研究主要集中在顶底板突水、巷道围岩遇水稳定性、断层陷落柱突水以及工作面注水防片帮等方面[30-31]。由于某些岩石内部富含黏土等亲水矿物成分，遇水膨胀软化将导致岩石强度急剧下降，对安全生产造成影响[32-33]。但煤体本身的不均匀性、煤柱坝体内初始损伤—受载损伤—水浸损伤的叠加性、物理-化学多场耦合性和多级孔隙与裂隙结构空间形貌的多样性，使得量化描述水岩作用下孔裂隙演化特征仍非常困难。

综上可见，应力与水是作用于煤柱坝体的两个关键物理场，两者相互影响，产生水浸与动静载耦合作用使煤柱坝体产生“损伤—渗流—累积损伤”效应，严

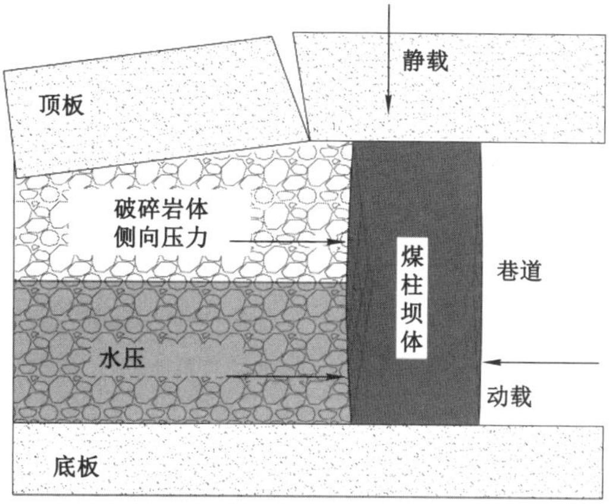

图 1-3 煤柱坝体应力与水环境示意图

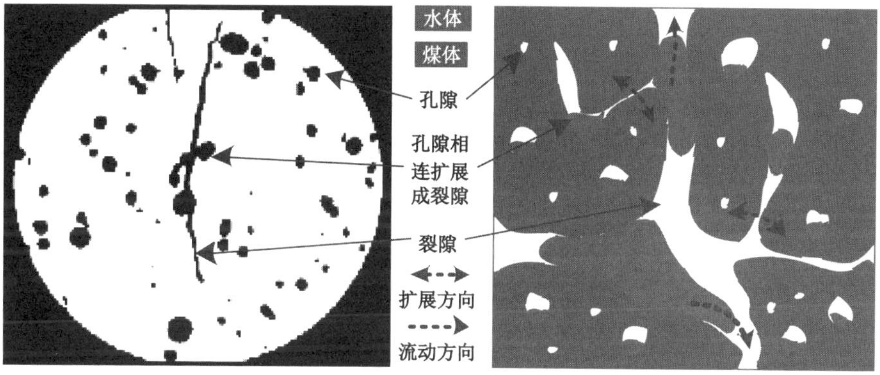

(a) CT扫描横截面　　(b) 细观“孔隙-裂隙”渗流

图 1-4 煤体“孔隙-裂隙”结构

重时将发生坝体失稳溃决灾害。因此,动静载及水浸耦合作用煤柱坝体累积损伤灾变机理及防控是当前亟待解决的科学难题,这既是煤炭资源科学开采理论的发展需要,亦是多场作用下岩体力学行为的研究难点,对实现煤矿地下水库系统建设与长期安全运行具有重要意义。

1.2 国内外研究现状

1.2.1 矿井水资源化利用

国内外学者针对煤炭开采中矿井水资源的保护利用进行了大量探索与实

践。20 世纪 80 年代美国煤矿矿井水利用率已达 81%，1995 年乌克兰顿巴斯矿区矿井水利用率超过 90%[36-37]，印度、日本建立了岩层空隙储存地下水的地下水库[34-35]，波兰学者提出了利用采空区储存水资源的概念，但由于深部矿井地下空间封存成本过高，最终未深入研究[38]。上述"地下水库"主要利用截水墙截蓄地下水，普遍成本较高，国外虽提出过利用采空区进行储水和再利用的设想，但未能形成完整的地下水库建设技术体系，缺乏实践验证。

钱鸣高院士率先提出了煤炭绿色开采理念和西部矿区保水开采技术，倡导研发适合于西部矿区的煤炭开采与水资源保护协调技术[39-41]。许多学者围绕煤炭开采"三带"、采动地下水运移规律及防控技术进行了相关基础研究[42-45]，主要形成了两类技术途径：① 以"堵截法"为特征的保水开采技术；② 以"疏导法"为特征的矿井水储存利用技术。其中后者采用疏导手段，在利用煤炭开采地下水运移规律的基础上，将矿井水转移至采空区进行储存，并建设相应的抽采利用工程，已成为矿井水资源保护利用的新兴技术。

顾大钊院士成功研发了煤矿地下水库技术，实现了神东矿区矿井水地下储存与利用[46-47]。大柳塔矿地下水库储水量达 710 万 m^3，供应了 95%以上的矿区用水，现场应用产生了巨大的经济效益、环境效益、社会效益。该项技术已在西部浅埋近水平煤层得到成功应用，在中东部深部倾斜煤层推广应用前景广阔。例如，徐州矿区已提出在采空区建设地下水库的规划，目前已完成了相关地质调查和可行性评价。

1.2.2 矿井应力与水场量监测

目前已有许多矿井应力与水场量监测分析的研究成果。谭云亮等[48]采用声发射和应力监测手段分析了坚硬顶板工作面回采过程中煤体应力及能量动态发展特征，有效预警了冲击危险。康红普等[49]采用空心包体应变计监测分析了水力压裂前后煤层应力变化特征，探究了水压致裂机理。刘斌等[50]采用实时三维电阻率层析成像法监测分析了矿井突水过程中岩层断裂和渗流通道的形成过程。刘静等[51]采用自然电位动态监测法研究了均匀及非均匀介质渗流试验条件下水头与电位变化的关系。王方田等[25]采用 PROTEM 瞬变电磁仪探测了冲沟发育地貌下浅埋煤层采动覆岩裂隙导通度，根据视电阻率探清了覆岩裂隙渗流路径演化特征。目前研究成果多监测分析单一应力与水场量，问题集中在冲击危险和突水性研究，较少涉及地下水库的复杂应力与水环境。

1.2.3 煤岩体孔隙与裂隙重构

国内外学者主要采用扫描电镜法(SEM)、CT 扫描法等试验或数值模拟手段进行煤岩体裂隙结构的表征重构。张素新等[52]运用扫描电镜试验揭示了煤储层内的孔隙类型、大小和微观结构。付裕等[53]结合CT扫描技术和三维重建技术建立了煤岩矿物结构模型，揭示了煤岩微观结构对宏观力学影响的作用机理。张慧等[54]采用电子显微测试法分析了煤岩体显微组分和孔隙裂隙分布特征，拓展了煤岩力学特性的研究途径。鞠杨等[55-56]采用SEM及CT扫描成像等手段研究了煤岩体裂隙结构的分布特征，借助3D打印技术重构了含裂隙煤岩体。李化敏等[57]采用X衍射分析和扫描电镜试验研究了岩石孔隙微观结构特征，对比分析了不同孔隙结构对岩石力学性能的影响差异。李振华等[58]采用相似模拟与分形理论分析了裂隙网络二维结构特征，掌握了工作面参数对裂纹扩展发育的影响规律。数值模拟重构裂隙煤岩体则可利用AVZIO、3DEC等三维可视化软件进行裂隙结构的定量分析和三维重构[59-60]。实验室和数值模拟表征重构煤岩体裂隙结构均取得了一定成效，为本研究表征煤体孔隙与裂隙结构提供了有益参考。但已有研究多围绕煤岩体内裂隙结构，较少考虑煤体孔隙结构和不同损伤程度特征，亦未涉及水浸作用对煤体细观结构的影响。

1.2.4　煤岩体多物理场耦合

国内外学者针对“应力-渗流”耦合作用进行了一定研究，杨金保和Singh等[61-62]研究了预制贯穿大裂隙对“应力-渗透”的影响特征，为理论模型及数值模拟提供了试验基础。王文[63]开展了不同含水煤样的动静组合加载试验，揭示了含水煤样动态强度特性及破坏失稳机理。邓华锋等[64]试验分析了浸泡—风干循环水岩作用下的岩体力学特性，揭示了循环加卸载作用下岩样的劣化效应。杨永杰等[65]研究了煤样渗透率与损伤演化的关系，探究了固液耦合状态下渗透率随原生及新生裂隙发育的变化趋势。张振宇等[66]采用微流体技术研究了岩体内孔隙对流体的影响特征，掌握了不同孔隙特征对流速、流迹的影响偏差。朱珍德等[67]进行了脆性岩石动态渗流特性试验研究，在试验的基础上探讨了岩石全应力-应变过程渗流特点的机理。李世平等[68]证实岩石的渗透系数或渗透率在全应力-应变过程中是应力-应变的函数，并拟合出岩石的渗透率-应变方程。王方田等[69]研究了水浸与应力耦合作用下煤柱坝体损伤破坏特征，提出了一种新型含水率表征方法，探究了煤柱坝体渗流演化规律，初步确定了煤柱合理留设宽度。屠世浩、张村等[70-73]研究了采空区渗透率演化规律，利用流固耦合模拟方法分析了多孔煤岩介质中气体运移规律。已有研究成果对应力、水耦合作用下的岩体研究较多，少量涉及水-煤强度特性，较少针对煤柱坝体所处的复杂应力与水多场耦合环境。

1.2.5　煤柱损伤破坏及稳定性

国内外学者围绕煤柱变形破坏规律及控制开展了大量探索。Tsur-Lavie

等[74]研究了煤柱尺寸、形状对其稳定性的影响特征。Waclawik 等[75]监测了煤柱应力状态与位移，分析了房柱式开采煤柱屈服特性。Kostecki 等[76]模拟分析了房柱式采空区煤柱的塑性流动特性，探究了空间约束对煤柱强度的影响特征。国外关于煤柱强度和稳定性分析多是基于房柱式开采遗留煤柱状态的监测统计，对长壁工作面区段煤柱稳定性研究相对较少。郭文兵等[77]建立了走向条带煤柱力学模型，导出了条带煤柱破坏失稳的充要条件，为条带开采煤柱稳定性控制提供了新方法。陈绍杰等[78-79]探究了我国东部矿区地表沉降规律，并基于沉降估算提出了条带煤柱合理留设方法，同时研究了顶板-煤柱结构体力学特性及其渐进破坏机制。张国恩[80]分析了影响煤矿地下水库坝体承压能力及稳定性的潜在因素，并结合神东矿区地下水库挡水坝进行了实证分析。张彦宾[81]通过建立动静载组合作用下的条带煤柱系统非线性动力学模型，推导出了条带煤柱发生失稳的充分必要条件。宋选民等[82]采用现场实测煤柱支承压力分布的方法分析了浅埋煤层合理煤柱宽度范围。冯国瑞等[83]分析了关键柱的主要特征，给出了关键柱判别方法及关键柱局部失稳的诱灾机理。王方田等[84]基于突变理论建立了煤柱稳定性尖点突变模型，揭示了煤柱突变失稳规律，提出了煤柱发生突变失稳的必要条件；结合区段煤柱重复采动影响特点构建了煤柱承载结构力学模型，提出了煤柱合理宽度确定方法及巷道围岩控制技术[85-86]。

国内外研究进展评述见表 1-1。

表 1-1　国内外研究进展评述

序号	研究方向	主要思想	代表作者	存在问题
1	矿井水资源保护利用	(1) 利用岩层空隙、采空区储存地下水； (2) 煤炭绿色开采理念和西部矿区保水开采技术； (3) 神东矿区浅埋近水平煤层采空区地下水库技术； (4) 地下水运移规律及防控技术	Bukowski(2007) 钱鸣高(2007) 顾大钊(2012) 王方田等(2016)	国外未形成完整地下水库技术体系，以传统“堵截法”为主，较少涉及深部倾斜煤层
2	矿井应力与水场量监测	(1) 地应力监测、冲击地压预警； (2) 层析成像突水监测； (3) 瞬变电磁覆岩导水裂隙探测	谭云亮等(2019) 刘斌等(2009) 王方田等(2016)	较少涉及煤柱坝体的复杂应力与水渗流场量监测
3	煤岩体孔隙与裂隙重构	(1) CT 扫描煤岩体裂隙结构； (2) SEM 扫描岩石孔隙结构； (3) 模拟分析煤岩裂隙结构； (4) 核磁共振岩体孔隙结构	鞠杨等(2014) 李化敏等(2018) 李振华等(2010) 赵毅鑫等(2017)	较少考虑煤体的“孔隙-裂隙”双重结构特征

表1-1(续)

序号	研究方向	主要思想	代表作者	存在问题
4	煤岩体多物理场耦合	(1) 岩体“应力-渗流”耦合； (2) 固液耦合下煤样渗透率演化； (3) 岩体孔隙流动特性	Singh(2015) 杨永杰等(2008) 张振宇等(2014)	未考虑煤柱坝体复杂应力与水多场耦合作用
5	煤柱损伤破坏及稳定性	(1) 条带煤柱破坏失稳充要条件； (2) 煤柱合理尺寸设计； (3) 煤柱突变失稳规律及稳定性控制技术； (4) 残留煤柱采动水浸耦合模拟分析	郭文兵等(2004) 陈绍杰等(2016) 王方田等(2012，2018) 张村等(2021)	较少涉及地下水库多场影响下煤柱坝体损伤灾变机理

国内针对煤柱稳定性开展了大量研究，取得了很多有益成果，但较少涉及地下水库水浸与动静载耦合作用下煤柱坝体累积损伤灾变机理，尚未形成煤柱坝体的智能化监测控制技术。在国内外学者研究基础上，实现煤柱坝体“孔隙-裂隙”双重结构表征重构，揭示“应力-水”多场作用下煤柱坝体累积损伤灾变机理，提出煤柱坝体长期稳定性智能监测控制技术，为实现煤矿地下水库系统建设与长期安全运行提供科学依据。

1.3　主要研究内容

(1) 煤柱坝体孔隙裂隙细观结构量化表征及重构

选取神东矿区煤层进行水浸宏细观试验，分析不同含水率、加卸载循环作用下煤体强度弱化特征及其宏细观表征，在此基础上采用SEM、XRD和CT等微观手段，揭示煤岩体水浸弱化驱动机制。

(2) 动静载作用下煤柱坝体累积损伤灾变机理

开展自然状态下煤样动静载试验，构建高强度采掘扰动作用下不同损伤程度煤柱坝体结构力学模型，探究动静载组合作用煤柱坝体应力响应特征。

(3) 水浸作用下煤柱坝体渐进损伤演化规律

进行不同时间煤样水浸试验，剖析长期水浸作用下煤体强度弱化效应；开展煤柱坝体累积损伤物理模拟试验和数值模拟，阐明“损伤—渗流—累积损伤”效应，揭示“应力-水”多场耦合作用下煤柱坝体累积损伤灾变机理。

(4) 煤柱坝体合理尺寸设计与长期稳定性智能监测控制

提出煤柱坝体稳定性关键控制因素，推导坝体失稳溃决判据，提出煤柱坝体合理尺寸设计方法，评价和完善煤柱坝体长期稳定性控制技术。

1.4 主要研究思路

本书以生态脆弱矿区地下水库煤柱坝体损伤机理及稳定性控制为研究主题，基于神东矿区浅埋近水平煤层典型地质工程背景，以3个关键科学问题为切入点，综合运用现场调研、理论分析、试验测试、模拟计算及现场试验等方法，表征重构煤体孔隙裂隙结构特征，探究动静载应力响应机制，揭示“应力-水”多场耦合作用下煤柱坝体累积损伤灾变机理，提出煤柱坝体失稳溃决判据及合理尺寸留设方法，形成煤柱坝体长期安全智能监测控制技术。技术路线如图1-5所示。

图1-5 技术路线图

第 2 章　煤矿地下水库工程概况

神东矿区处于干旱半干旱的生态脆弱区，水资源短缺且地表水蒸发量远大于降水量，而煤矿地下采空区空间巨大，孔隙、裂隙极为发育，具有较强的纳污能力，利用地下采空区储水形成特殊的“地下水库”系统，可以增加矿区水资源总量，是“煤水共采”的有效途径。煤矿地下水库技术已成功在神东矿区浅埋近水平煤层实施，累计建成地下水库 50 余座，储水总量超 8 000 万 m^3。基于此，本章简要介绍了补连塔煤矿、大柳塔煤矿等代表性煤矿的地下水库建设情况及基础设施，分析了煤矿地下水库坝体的主要承载结构，提出了矿井地下水库煤柱坝体稳定性控制的主要难题。

2.1　补连塔煤矿地下水库工程

补连塔煤矿位于内蒙古自治区鄂尔多斯市乌兰木伦镇乌兰木伦河一级阶地的西缘，矿井大部分表面为风积沙覆盖，植被稀少，沿乌兰木伦河的河谷区及其支流形成河流堆积类型，西部地形较平坦、开阔，主要为沙漠、滩地；东部梁峁起伏，沟道密集，主要是黄土丘陵沟壑。矿井范围内多数地区呈风沙地貌，被流动沙丘和固定沙丘所覆盖，地形相对较平缓，开采前后地貌如图 2-1 所示。

（a）采前风沙地貌　　（b）采后地表裂隙

图 2-1　开采前后地貌图

2.1.1 矿井水文地质条件

补连塔煤矿所处的鄂尔多斯地区处于半干旱气候区，年降水量平均为 396 mm，年蒸发量平均为 2 457.4 mm，且降水多集中在 7—9 月，地表蒸发强烈，不利于地下水的补给，大气降水多沿沟谷以地表水的形式排泄，地下水径流速度缓慢；矿区地质构造简单，岩层产状平缓且岩石较为致密坚硬，构造裂隙不发育，不利于地下水的自然储集。

2.1.1.1 地表水系

补连塔矿区内地表水系较发育，乌兰木伦河为井田内最大的常年性地表水，年平均流量为 7.4 m^3/s。其他较大的支流有北部的呼和乌素沟和补连沟，南部的石灰沟、尔林兔沟和活鸡兔沟，它们分别由西向东和由北向南汇入乌兰木伦河，除补连沟和活鸡兔沟基本为常年性溪流外，其余大部分为季节性溪流，个别沟内有地下水以泉的形式渗出。地表水系分布如图 2-2 所示。

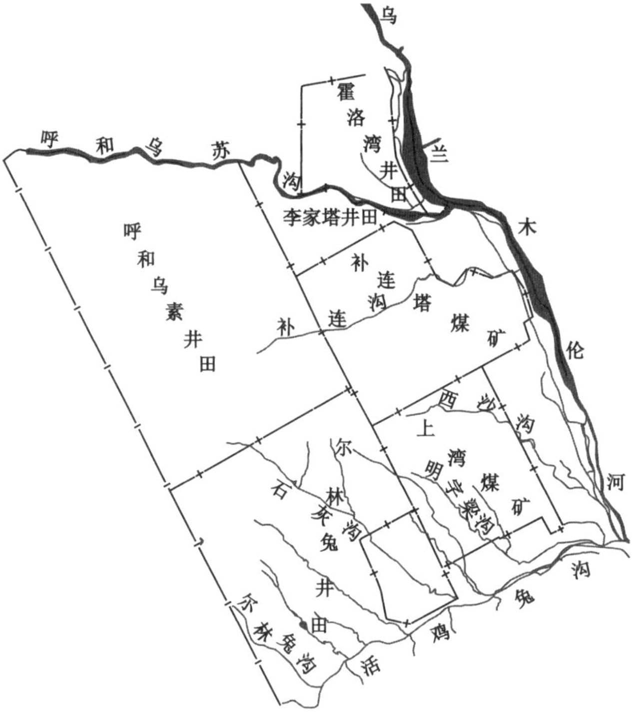

图 2-2 补连塔井田主要地表水系分布图

乌兰木伦河从井田东缘经过，流向东南，常年有地表水径流，流入陕西省境内汇入窟野河后注入黄河。据陕西省境内的五道恒塔水文站历年观测结果，乌兰木伦河最大径流量为 9 760 m^3/s，年平均流量为 4.52～12.2 m^3/s。

补连沟位于井田中部，沟长约 5 km，呈近东西向贯穿全井田，基本为常年性溪流，流量随季节和气候而变化。丰水期流量为 0.30～0.52 m^3/s，贫水期流量一般小于 0.20 m^3/s。沟内有一人工水库，最大库容量为 18 万 m^3。

活鸡兔沟位于上湾盘区南部，基本为常年流水，水量受季节影响变化较大。

2.1.1.2　地下水补给、径流及排泄条件

潜水含水层主要由大气降水补给。在古冲沟的富水区，地下水的补给范围较大，尤其在雨季，强富水区域地下水静储量将会有较大的补给量。潜水含水层中地下水顺着基岩面由高到低的方向流动，在横向上由谷坡流向谷底，在纵向上由上游流向下游。潜水含水层中地下水的排泄形式主要为侧向（下游）排泄，上游地段地下水的侧向排泄量成为下游地段的补给量。地表径流以补连沟为排泄区，地下径流以补连沟和乌兰木伦河为排泄区域。

基岩承压水则主要以松散含水层为补给来源；径流方向从水压高的部位向水压低的部位；排泄方式以侧向排泄为主，排泄量较小。工作面范围内基岩承压地下水的赋存主要表现为静储量。

补连塔煤矿钻孔综合柱状图如图 2-3 所示。

2.1.2　地下水库工程概况

补连塔煤矿目前在用地下水库 3 处，总储水量为 129.3 万 m^3，分别位于 1^{-2} 煤四盘区 2 处、2^{-2} 煤三盘区 1 处，地下水库分布示意图如图 2-4 所示。

1# 水库为 2^{-2} 煤三盘区地下水库，2013 年投入使用，作为矿井永久水源地，采空区面积为 1 400 万 m^2，设计储水能力为 80 万 m^3，目前水库储水量为18.2 万 m^3。

2# 水库为 12401～12405 工作面采空区地下水库，作为矿井水源地之一，2010 年投入使用，采空区面积为 990 万 m^2，设计储水能力为 60 万 m^3，目前水库储水量为 102.6 万 m^3，使用年限为 8 a。

3# 水库为 12418～12420 工作面采空区地下水库，2013 年投入使用，采空区面积为 253 万 m^2，目前水库储水量为 8.5 m^3，主要负责补给 2# 水库。

2.1.2.1　供、排水概况

补连塔煤矿现共有 6 个排水泵房，分别为 1055 排水泵房、2# 排水泵房、3# 排水泵房、4# 排水泵房、5# 排水泵房、6# 排水泵房。其中，1055 排水泵房、2# 排水泵房、4# 排水泵房能直接将水排至地面；3#、6# 排水泵房为接力泵房；5# 排水泵房为备用泵房。1055 排水泵房、2# 排水泵房、4# 排水泵房总正常排水能力为

地层代号	层序	柱状图 1:500	层厚/m 平均	层厚/m 最小～最大	岩石名称及岩性描述
第四系	1	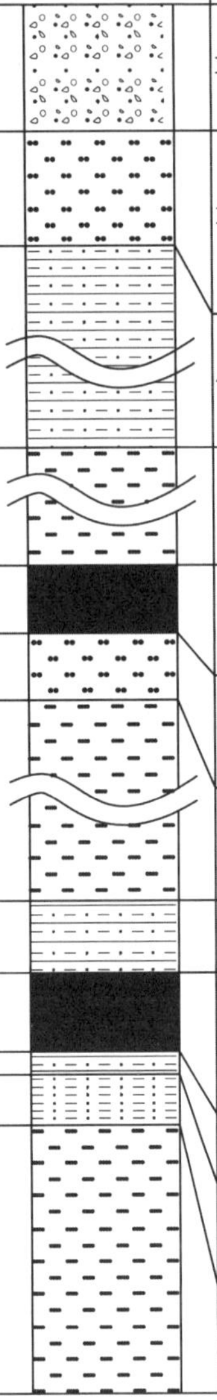	10.14	4.40～20.82	风积沙：土黄色，松散无胶结，以粉砂质为主，含有粗砂质及中砂质，厚层状
安定组	2		11.28	1.21～21.31	中粒砂岩、粉砂岩：灰紫红色，以石英风化长石为主，含有云母碎片及黑色遂石，分选较好，半圆状，泥质接触式胶结，厚层状，平坦断口，含有铁质结核
罗直组	3		48.85	18.94～78.37	砂质泥岩为主，细砂岩次之：褐红色及灰绿色，块状，泥质结构，厚层状，不平坦状断口
罗直组	4		33.32	4.55～62.09	粉砂岩为主：灰绿色，致密，厚层状，参差状断口，局部相变为泥岩及砂质泥岩
延安组	5		6.34	5.44～6.96	1^{-2}煤：黑色，暗型，块状，沥青光泽，平坦断口，局部夹有丝炭及泥岩结核，局部煤层较硬
延安组	6		5.76	1.87～12.04	中粒砂岩为主：灰白色，成分以石英、长石为主，圆状、泥质接触式胶结，厚层状，平坦断口
延安组	7 8		29.57	9.33～48.87	粉砂岩为主，细粒砂岩次之：灰白色，以石英为主，次为长石，岩性致密坚硬，中夹薄层泥岩，下部含少量植物化石
延安组	9		6.15	1.55～12.78	砂质泥岩：深灰色，厚层状，砂泥质结构，成分以泥质物为主
延安组	10		7.07	6.19～7.57	2^{-2}煤：黑色，光泽较强，主要由亮煤、镜煤、暗性煤组成，条带状结构明显，性脆，发育垂直裂隙，层内夹有薄层泥岩结构
延安组	11		1.79	1.41～2.55	泥岩：深灰色，厚层状，含植物化石及暗色矿物，中夹碳质泥岩
延安组	12		4.58	0.25～9.16	黏土岩：灰色，风化后呈灰白色，成分以铝质黏土为主，富含砂质，局部见有黄铁矿结核
延安组	13		17.04	13.45～20.64	细粒砂岩：灰白色，巨厚层状，细粒砂状结构，成分以石英、长石为主，次为云母

图 2-3　补连塔煤矿钻孔综合柱状图

1 244 m³/h，最大排水能力为 3 072 m³/h。

矿井在用巷道 200.6 km，设备冷却、降尘喷雾、冲洗巷道等生产用水平均为

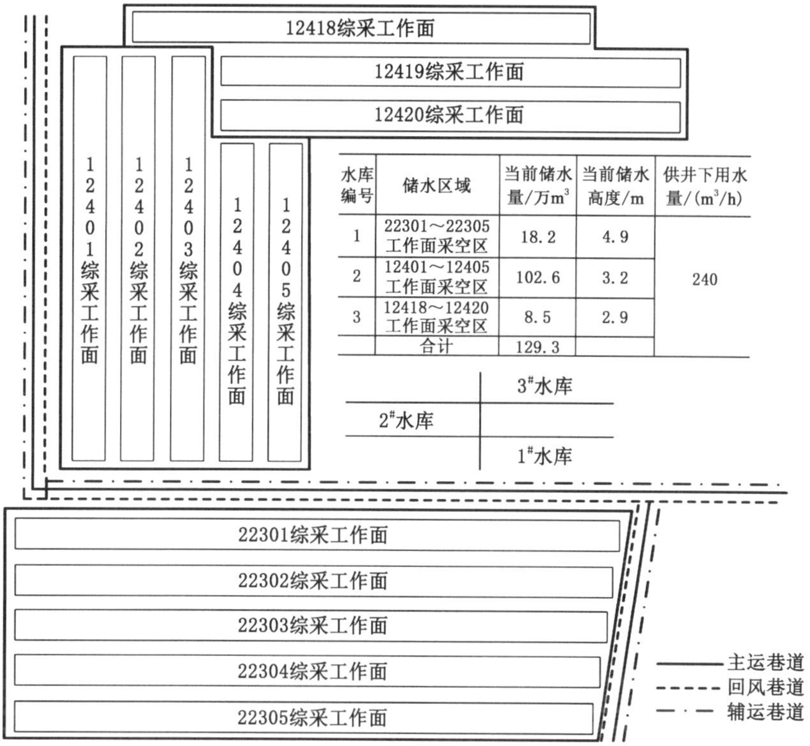

图 2-4　地下水库分布示意图

5 760 m³/d，分别由 2# 泵房、3# 泵房供给，水源全部来自采空区复用水。

2.1.2.2　地下水库使用情况

为达到 1# 水库水资源复用的目的，将 2^{-2} 煤三盘区、1^{-2} 煤五盘区污水全部通过 4# 泵房补充至采空区上游，经过采空区物理净化后，通过下游 22301 辅巷 90#～96# 密闭集中排放至 3# 加压泵房及清污分流水仓，由 3# 加压泵房一部分供至 1^{-2} 煤五盘区作为生产用水，另一部分补给 2# 加压泵房作为生产用水。清污分流水仓内清水通过管路排至地面污水处理厂清水池，部分供给补连塔分选厂，部分外排。1# 水库供、排水系统如图 2-5 所示。

2# 水库使用初期的目的是达到水资源复用，将四盘区污水全部通过管路补充至采空区，经采空区物理净化后通过已施工钻孔流至 22401 清水仓，从清水仓利用管路将清水排到矿井 2# 加压泵房，再由 2# 加压泵房供至 1^{-2} 煤四盘区、2^{-2} 煤三盘区作为生产用水。2^{-2} 煤三盘区地下水库启用后停止向 1^{-2} 煤四盘区采空区注水，水源主要由采空区上覆含水层补给，停止注水后仍持续放水，既满

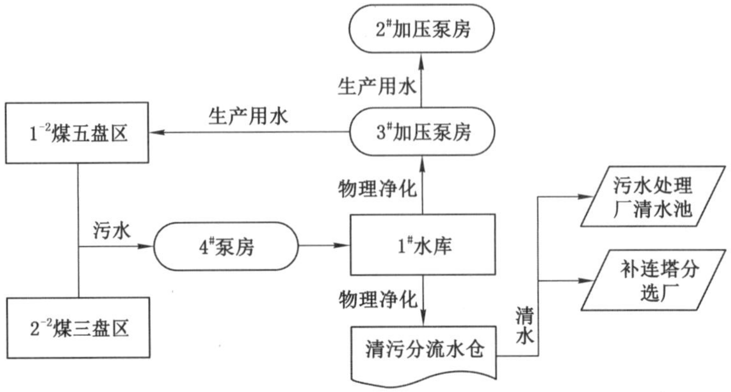

图 2-5　1# 水库供、排水系统图

足了矿井正常用水需要，又解决了 2^{-2} 煤四盘区回采时集中疏放造成的水资源浪费，同时也减少了探放水工程量。2# 水库供、排水系统如图 2-6 所示。

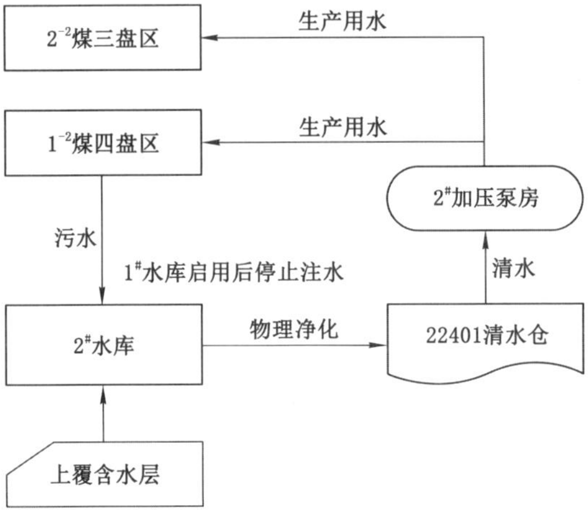

图 2-6　2# 水库供、排水系统图

2.1.3　地下水库利用率及经济效益

2.1.3.1　利用率

补连塔矿平均每天产生的矿井水量为 18 300 m³，其中供给地面注浆站利用 1 300 m³，供给煤制油场区利用 360 m³，注入采空区自然净化 4 800 m³，排至污水处理厂人工净化 8 000 m³，清水直接外排 3 840 m³；注入采空区自然净化的污水占总污水量的26.2%。经采空区净化后供给矿井生产用水5 760 m^3，污水处理厂净化后供给绿化用水1 200 m^3，供给分选厂生产用水3 800 m^3，外排3 000 m^3。

2.1.3.2　经济效益

(1) 水库建设费用

地下水库沿途建造防水密闭墙费用为330万元，配套的22401中转水仓、3#加压泵房、清污分流水仓的矿物工程、设备采购、机电安装等费用共计2 150万元，水库建设总计投入2 480万元。

(2) 节省生产用水费用

补连塔矿目前井下生产用水量平均为5 760 m^3/d，全部来自采空区净化水，无须地面供给，根据神东公司购买水资源价格13.04元/t计算，每年节省生产用水费用2 741.5万元。

(3) 节省污水减排费用

为达到矿井污水零排放目的，平均每天注入采空区污水量为4 800 m^3，根据矿井水外排费用、地面水处理费用及排污费用综合单价4.71元/t计算，每年节省污水减排费用成本825.2万元。合计每年节省费用3 566.7万元。

自2010年补连塔煤矿地下水库投入使用以来，减少外购生产用水量1 154.8万 m^3，减少污水净化外排量962.4万 m^3，合计节省费用1.7亿元，也为鄂尔多斯地下水资源保护做出了巨大贡献。

2.2　大柳塔煤矿分布式地下水库工程

大柳塔煤矿第一个采空区储水设施于1998年建成，通过持续技术创新，提出了煤矿分布式地下水库的技术原理，攻克了一系列技术难题，创建涵盖设计、建设和运行的煤矿分布式地下水库技术体系；在采空区储水技术的基础上，于2009年建成了充分利用采空区空间储水、采空区矸石对水体过滤净化、自然压差输水的“节能型、循环型、智能型、环保型、效益型”煤矿分布式地下水库，具有井下供水、井下排水、矿井水处理、水灾防治、环境保护和节能减排六大功能和优势。大柳塔煤矿分布式地下水库储水量约为210万 m^3，实现了矿井水不外排和保水开采目标。

该工程主要由2^{-2}煤(一水平)3座地下水库(1#、2#和3#)、调用地下水库清水的抽采设施和向地下水库注入矿井水的回灌设施等组成，实现了2^{-2}煤地下水库之间、2^{-2}煤和5^{-2}煤(2^{-2}煤和5^{-2}煤层间距约为155 m)的互联互通，构成了具有立体空间网络的煤矿分布式地下水库工程系统，如图2-7所示。

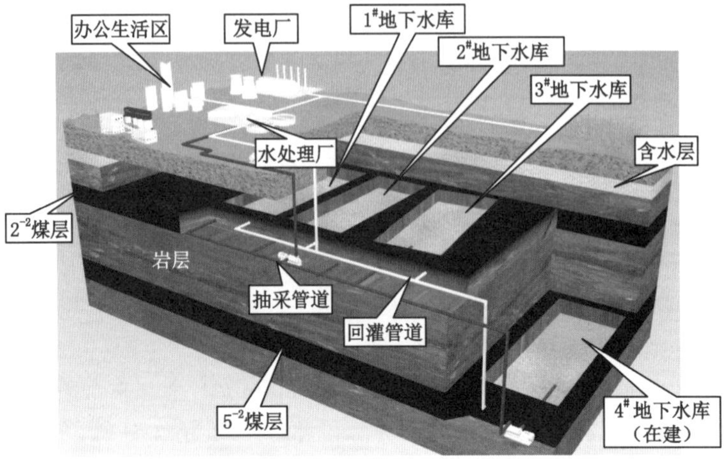

图 2-7　大柳塔煤矿分布式地下水库工程立体示意图

目前，大柳塔煤矿涌水量约为 400 m^3/h，全部回灌到 2^{-2}煤地下水库，经地下水库矸石吸附过滤后供井下生产和地面生产、生活使用，井下日均复用水量约为6 720 m^3，水循环利用工艺流程如图 2-8 所示。通过应用该工程，大柳塔煤矿每年节约用水约 250 万 t，节省购水费用为 3 750 万元；减少矿井水处理及外排等费用1 800 万元。

2.2.1　大柳塔煤矿 2^{-2}煤 1# 地下水库及其配套设施

2.2.1.1　总体概况

大柳塔煤矿 1# 地下水库于 2009 年 8 月建成投用，位于 2^{-2}煤四盘区采空区，距地表约 93.6 m，距平硐井口约 3.6 km，与 2^{-2}煤 2# 地下水库相邻。目前水库平均水深约 8.6 m，储水量约 150 万 m^3。1# 地下水库及其配套设施如图 2-9 所示。

2.2.1.2　水库坝体工程

水库坝体包括煤柱坝体和人工坝体。通过对煤柱进行加固防渗，构筑煤柱坝体；在相应平巷口密闭处建设人工坝体工程，其结构为砖墙＋黄土＋砖墙＋混凝土墙的混合结构。

2.2.1.3　主要配套设施

2^{-2}煤与 5^{-2}煤清水抽采和矿井水回灌管道：406 主运巷道施工建设了 5 个连接 5^{-2}煤和 2^{-2}煤的垂直钻孔，深度约 155 m，分别为 2 个清水抽采利用管道（ϕ219 mm）、矿井水回灌管道（ϕ219 mm）、电缆管道（ϕ159 mm）和备用管道（ϕ219 mm）。日供应 5^{-2}煤清水量为 1 920 m^3。

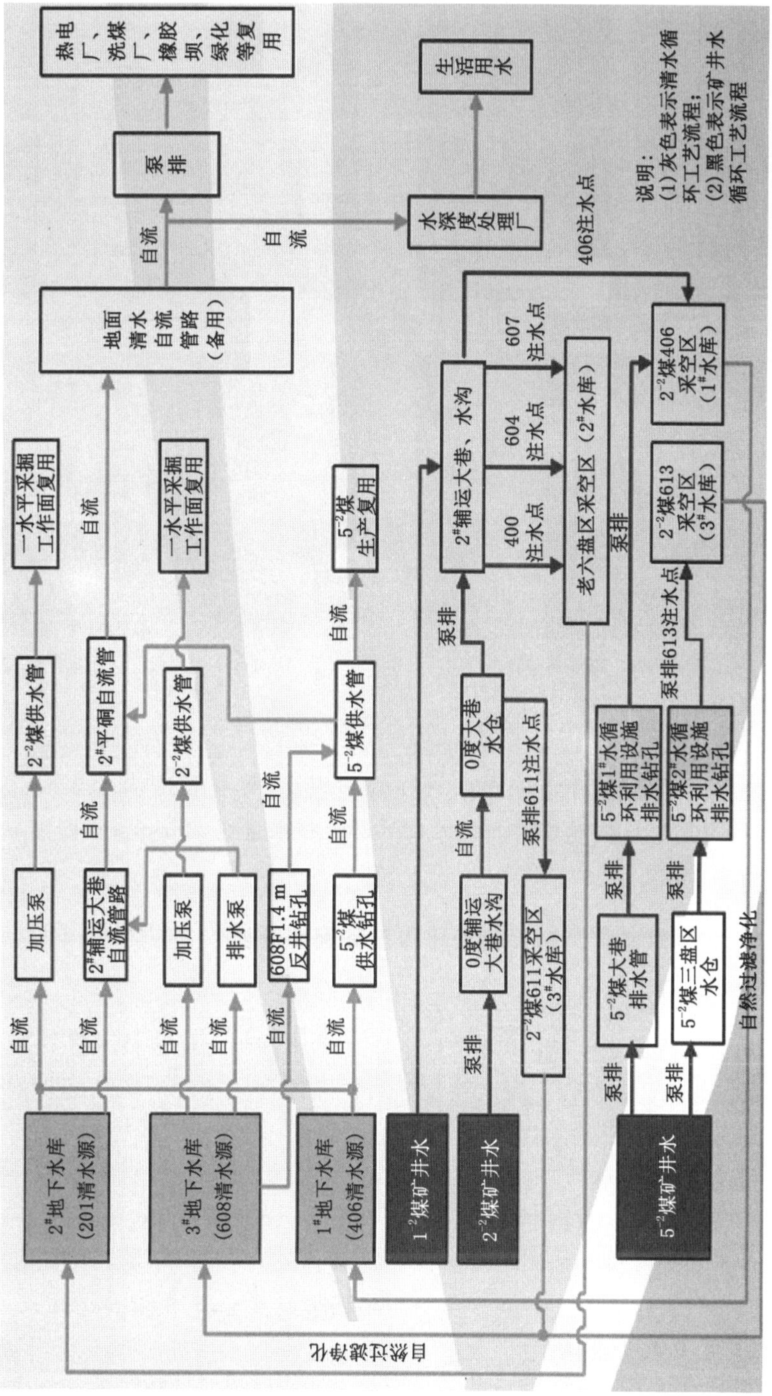

图2-8　大柳塔井分布式地下水库工程水循环利用工艺流程示意图

(a) $1^{\#}$水库入口巷道

(b) $1^{\#}$水库回灌设施

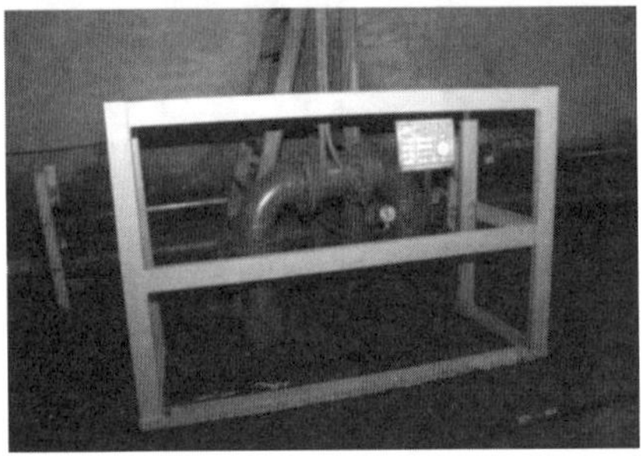

(c) $1^{\#}$水库向5^{-2}煤供水$1^{\#}$钻孔

(d) $1^{\#}$水库2^{-2}煤与5^{-2}煤连通管路系统

图 2-9　$1^{\#}$ 地下水库及其配套设施

矿井水回灌设施：由 8 个 ϕ65 mm 的回灌孔（单孔长度为 120 m）、配套管路、水泵以及配电设施组成。日回灌 2^{-2}煤矿井水量约 720 m^3；日回灌 5^{-2}煤矿井水量约 600 m^3。

2.2.2　大柳塔煤矿 2^{-2}煤 $2^{\#}$ 地下水库及其配套设施

2.2.2.1　总体概况

$2^{\#}$ 地下水库是在 1998 年的采空区储水设施基础上经过技术提升和工程完善建成的。该水库位于 2^{-2}煤老六盘区采空区，距地表约 86.8 m，距平硐井口约 3.8 km。目前水库平均水深约 4.7 m，储水量约 15 万 m^3。$2^{\#}$ 地下水库及其配套设施如图 2-10 所示。

2.2.2.2　水库坝体工程

除对保安煤柱进行加固防渗形成煤柱坝体外，在相应平巷口密闭处建设了人工坝体工程，其结构为“砖墙＋黄土＋砖墙＋混凝土墙”的混合结构。

2.2.2.3　主要配套设施

地下水库清水经加压泵加压后通过管道向 2^{-2}煤层采掘工作面和大巷喷雾

(a) $2^{\#}$水库入口巷道　　(b) $2^{\#}$水库加压泵

图 2-10　$2^{\#}$ 地下水库及其配套设施

消尘供水，日供水量约 1 920 m^3；同时，$2^{\#}$ 地下水库的清水可通过清水抽采利用管道向 5^{-2}煤生产供水；也可根据需求通过 $2^{\#}$ 辅运大巷管道自流至地面供绿化、热电厂以及生产、生活等使用。

2.2.3　大柳塔煤矿 2^{-2}煤 $3^{\#}$ 地下水库及其配套设施

2.2.3.1　总体概况

$3^{\#}$ 地下水库位于 2^{-2}煤新六盘区采空区，距地表约 84.7 m，距平硐井口约 7.0 km，于 2010 年建成投用。目前水库平均水深约 4 m，储水量约 45 万 m^3。$3^{\#}$ 地下水库及其配套设施如图 2-11 所示。

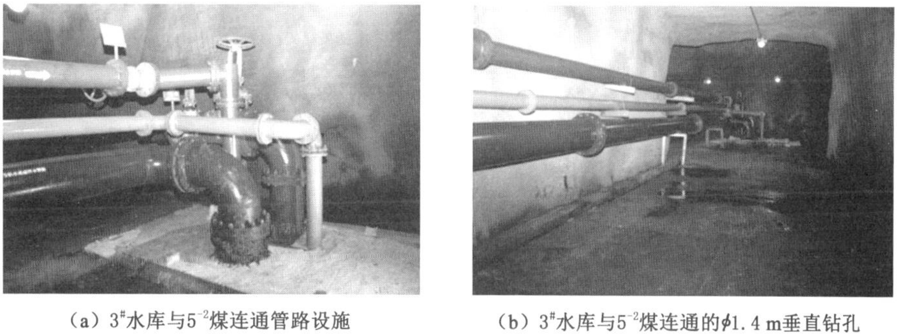

(a) $3^{\#}$水库与5^{-2}煤连通管路设施　　(b) $3^{\#}$水库与5^{-2}煤连通的ϕ1.4 m垂直钻孔

图 2-11　$3^{\#}$ 地下水库及其配套设施

2.2.3.2　水库坝体工程

除对保安煤柱进行加固防渗形成煤柱坝体外，在相应平巷口密闭处建设了人工坝体工程，该坝体结构为“砖墙＋黄土＋砖墙＋混凝土墙”的混合结构。

2.2.3.3 主要配套设施

主要配套设施包括 ϕ1.4 m 的钻孔及配套管道设施。钻孔深约 155 m，包括矿井水回灌管道(ϕ423 mm)、清水抽采利用管道(ϕ423 mm、ϕ219 mm)及压风管道(ϕ159 mm)。

通过上述设施实现了 2^{-2}煤和 5^{-2}煤之间的水体调运。3# 地下水库清水经抽采利用管道分别与 5^{-2}煤自流管路或供水管路连接，供 5^{-2}煤生产使用或利用高程差自流至地面供生产、生活和绿化等使用；同时，5^{-2}煤三盘区的矿井水由垂直钻孔(ϕ1.4 m)中的矿井水回灌管道(ϕ423 mm)注入 2^{-2}煤 3# 地下水库，日回灌矿井水量约 2 880 m^3。

2.3 煤矿地下水库坝体稳定性及其难题

矿井地下水库建设完成之后，由于本身就位于煤层采动空间内，再加上矿井地下水库储水过程中长期水浸软化的影响，矿井水库运行过程中煤柱坝体稳定性十分重要。在欧美早期利用废弃矿井建设地下水库过程中，一般运用维护相对容易且受采动影响小的井巷作为地下水库储水体，如图 2-12 所示。这种情况下只要确保巷道的稳定性即可，地下水库的稳定性相对容易控制。目前，中国的矿井地下水库建设主要以采动强度剧烈的长壁开采采空区作为储水体。在矿井地下水库运行过程中，除了上文提到的垮落带破碎煤岩体作为承载体以外，工作面残留煤柱、边界煤柱坝体以及边界人工坝体的稳定性同样影响矿井地下水库的安全运行，如图 2-13 所示。

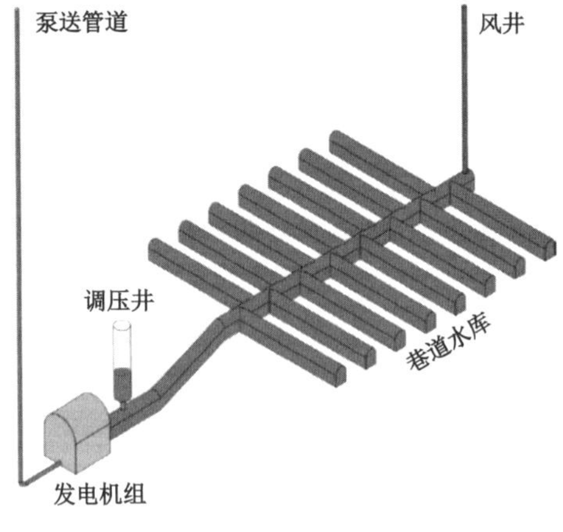

图 2-12 封闭式地下矿井中水库的 3D 细节

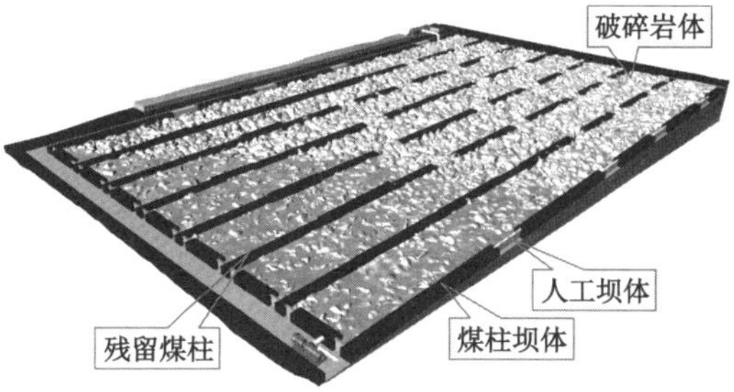

图 2-13　矿井地下水库承载结构

2.3.1　人工坝体

人工坝体主要是为了封堵长壁工作面回采结束后的左右两侧巷道，与采区边界煤柱共同形成的矿井水库坝体结构。人工坝体构建是在工作面开采之后进行，一般不考虑工作面采动的影响。因此，人工坝体主要考虑储水过程中对水体压力的承载以及防渗能力。人工坝体常采用 T 形结构，由防渗层和混凝土主坝体结合构成，其中防渗层不起承载作用，主要有混凝土或“工字钢＋混凝土”两种形式，如图 2-14 所示，针对该坝体结构，刘晓丽等[19]利用 FLAC 软件分析了煤矿地下水库人工坝体的位移场和应力场分布，并根据强度折减法，得到了坝体安全系数。白东尧等[87]运用弹性薄板理论对李家壕煤矿地下水库人工坝体中的素混凝土墙(无钢筋骨架)承载性能进行了分析，认为现阶段人工坝体的安全性富余较大。姚强岭等[88]开展了超声-回弹综合测强、循环加载和单轴压缩声发射试验研究，对水作用下混凝土试样强度进行了预测。上述研究虽从不同角度对人工坝体承载稳定性进行了分析，但基本未考虑上覆垂直载荷对人工坝体承载性能的影响。而实际上，虽然在构筑完人工坝体后的初始阶段，坝体顶部没有受到垂直载荷作用，但随着坝体服务时间的增加，受顶板残余沉降变形的影响，以及坝体内部垮落带岩体及残留煤柱在水浸水渗的影响下强度降低，导致上覆岩层会挤压人工坝体顶部，从而使坝体顶部受到垂直载荷的作用，因此有必要研究垂直载荷作用下坝体结构的稳定性。方杰等[89]利用正交异性板模型对坝墙在水压与上覆垂直载荷共同作用下的极限承载性能进行了分析，结果表明：随着上覆垂直载荷的不断增大，坝墙极限水头值不断减小，坝墙稳定性会由外表面强度控制逐渐转变为由内表面强度控制，且该变化的转折点出现的时间受坝墙厚度影响，坝墙厚度越小，转折点出现的时间越早。根据现阶段地下水库日常储水高度及坝墙上覆垂直载荷的变化范围，得出现有人工坝体结构中的支撑墙可去除，且其中的坝墙厚度可减小至 0.6～0.7 m 范围内。同时，针对人工坝体同样要考虑水浸(吸水—失水)作用,且研究表明循环(吸水—失水)对地下水库人工坝体稳定性影响较大。

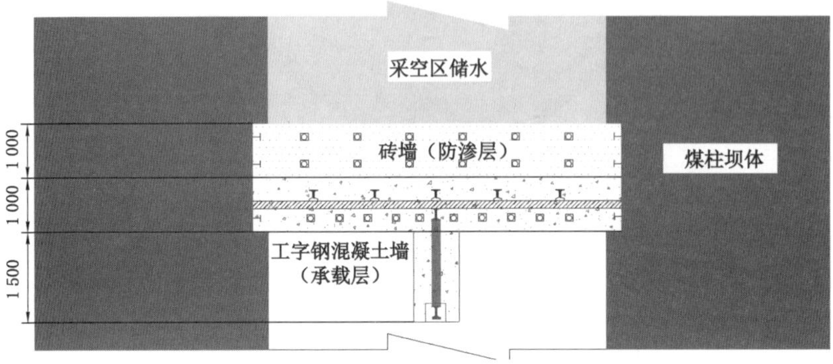

(a) T形支撑墙

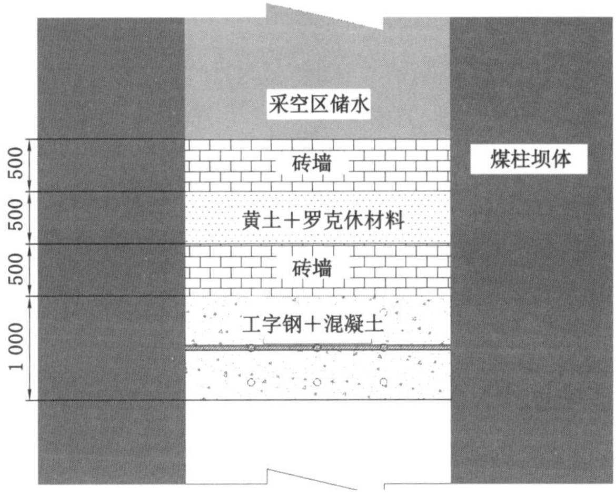

(b) "工字钢+混凝土"结构

图 2-14 人工坝体施工设计剖面图

2.3.2 煤柱坝体

煤柱坝体的稳定性是地下水库设计中极其重要的部分,对地下水库稳定性起决定性作用。煤柱坝体既要保证煤炭安全开采,又要保障地下水库安全运行。有别于人工坝体,煤柱坝体一般由采区边界安全煤柱构成,其受力更加复杂,如图 2-15 所示。由于采区边界煤柱服务于整个采区,每个工作面的开采都将对煤柱坝体产生影响。除此之外,煤柱坝体还长期受覆岩顶板压力、垮落岩体的侧向压力以及邻近采区采动可能引起的矿震等复杂应力作用,在矿井地下水库蓄水之后还会受到水压的影响，且地下水库水的循环蓄水、放水还会导致部分煤柱处于不断"浸水—失水—再浸水"的循环作用过程。因此，研究采动与水浸作用下煤柱坝体累积损伤破坏机理对保障矿井地下水库稳定运行具有重要作用。

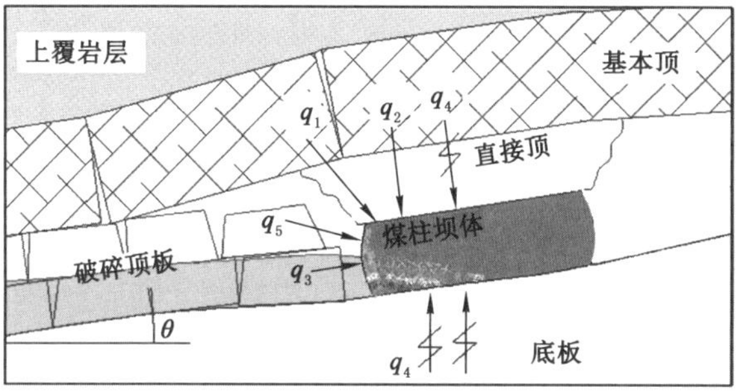

q_1—破断顶板侧向支承压力；q_2—上覆岩层压力；q_3—采空区静水压力；

q_4—矿震等动态应力；q_5—冒落矸石压力。

图 2-15　煤柱坝体应力与水环境示意图

煤柱坝体采动水浸作用实际上可以分为两个阶段：① 采动损伤阶段，该阶段一般不受水浸的影响；② 受载水浸作用阶段，该阶段发生在矿井地下水库运行过程中。对于第一阶段煤层开采过程中煤柱稳定性分析的研究很多，且有大量的研究成果，包括两区约束理论、极限平衡理论、大板裂隙理论等。但矿井地下水库煤柱坝体与传统煤柱存在明显区别，采区边界煤柱由不连续的煤柱段(长度为单个长壁工作面宽度)组成，受整个采区煤层的采动影响，且煤柱坝体一侧为采空区，另一侧为巷道，受力特点存在明显的区别，再加上后期还需要承受长期循环水浸的影响，因此有必要研究煤柱坝体在上述两个阶段下的稳定性及合理宽度留设等问题。

2.3.3　残留煤柱

矿井水库残留煤柱是指位于采空区内服务于相邻工作面的区段煤柱，如图 2-16 所示。与矿井水库煤柱坝体相比，残留煤柱同样受整个采区开采的影响，且受采动影响更大，损伤更加剧烈。由于残留煤柱并不作为矿井水库坝体，设计过程中也不考虑后期矿井水库建设对其稳定性的影响。但是采空区残留煤柱作为矿井地下水库协同承载体的一部分，与垮落带和煤柱坝体共同对上覆岩层起到支撑作用，残留煤柱一旦失稳导致顶板下沉，不仅影响矿井水库的库容，同时还威胁矿井水库的稳定性。因此，研究残留煤柱采动水浸作用下的失稳情况有助于掌握矿井水库的安全运行情况及储水能力的评估。

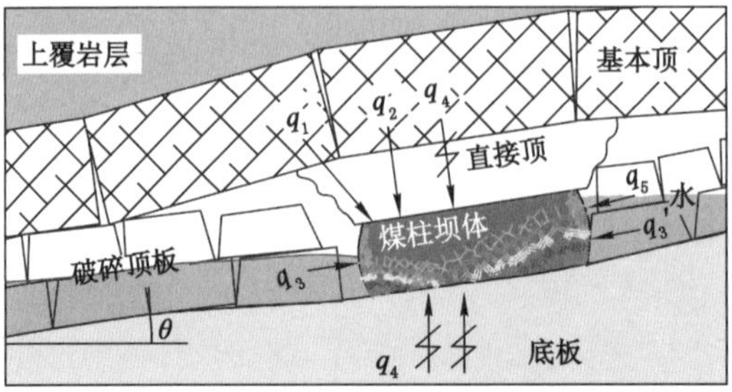

q_1—破断顶板侧向支承压力；q_2—上覆岩层压力；q_3，q_3'—采空区静水压力；
q_4—矿震等动态应力；q_5—冒落矸石压力。

图 2-16　残留煤柱应力与水环境示意图

2.4　本章小结

(1) 补连塔煤矿地处水资源短缺、生态环境脆弱、大气降水稀少、地表蒸发强烈的鄂尔多斯地区，传统矿区水资源配给以抽取地下水资源为主，而煤炭开采产生的矿井水主要外排至地面，未得到妥善利用；利用空间巨大，孔洞、裂隙极为发育的采空区储水，并辅以矿井水入库及取水设施的煤矿地下水库工程，可增加矿井可利用水资源总量，是水资源保护利用与协调开采的有效技术途径。

(2) 补连塔煤矿共有 3 个地下水库。其中 2# 和 3# 水库在 2^{-2} 煤四盘区回采后停止使用；1# 水库为矿井永久水源地，设计储水能力为 80 万 m^3，目前储水量为 18.2 万 m^3。

(3) 大柳塔煤矿地下水库包括 2^{-2} 煤(一水平)3 座地下水库(1#、2# 和 3#)、调用地下水库清水的抽采设施和向地下水库注入矿井水的回灌设施等，实现了 2^{-2} 煤地下水库之间、2^{-2} 煤和 5^{-2} 煤(2^{-2} 煤和 5^{-2} 煤层间距约 155 m)的互联互通，构成了具有立体空间网络的煤矿分布式地下水库工程系统。

第3章　煤体细观结构表征重构及损伤破坏试验研究

矿井地下水库煤柱坝体在长期水浸过程中内部孔裂隙结构的演化特征直接影响煤柱坝体的承载渗流能力。煤体细观结构表征重构常用手段有电镜扫描、XRD(X 射线衍射)、核磁共振、CT 扫描等[90-92]，本章综合运用以上方法，提出了煤体孔裂隙结构与矿物成分的精确表征重构方法。煤柱坝体受工作面采动应力影响，煤体在循环采动水浸过程中的损伤特征需要进一步分析。基于此，本章选取神东矿区煤层进行了采动水浸宏细观试验，分析了煤体在不同含水率、不同加卸载循环下的强度弱化特征及其宏细观表征，揭示了煤岩体水浸弱化驱动机制。

3.1　煤样细观结构特征测试及三维重构

3.1.1　试验样品与方案设计

3.1.1.1　试验样品

本次试验样品取自神东矿区 3^{-1} 煤层，煤样视密度为 1.33 g/cm^3，平均单轴抗压强度为 19.56 MPa，平均抗拉强度为 1.99 MPa，弹性模量为 2.11 GPa，泊松比为 0.28。煤体一般包括有机煤基质、矿物包裹体和预先存在的不连续性孔隙(割理、裂缝和孔隙空间)，通过电镜扫描可以观察各个成分在煤样中的分布情况，如图 3-1 所示。其中白色区为黏土矿物，大部分黏土矿物分布在煤基质中，少量黏土矿物分布在孔裂隙中。孔隙分为原生孔隙和次生孔隙，其中原生孔隙主要为单元体内孔隙，分布在颗粒胶结物内部，孔径小于 0.1 μm。

3.1.1.2　试验方案设计

为了掌握煤样浸水前后内部矿物成分、孔裂隙结构的演化特征，基于 CT 扫描技术进行浸水前后孔裂隙结构演化的分析，具体试验步骤如下：

(1) 进行原煤煤样烘干和浸水试验，获得煤样含水率时间曲线，确定 CT 扫描前后含水率情况。

(2) 使用 CT 扫描对浸水前后的煤样进行扫描，浸水前煤样为自然含水率

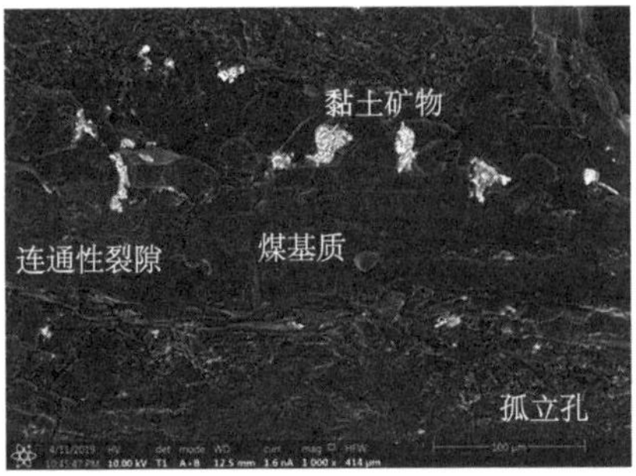

(a)

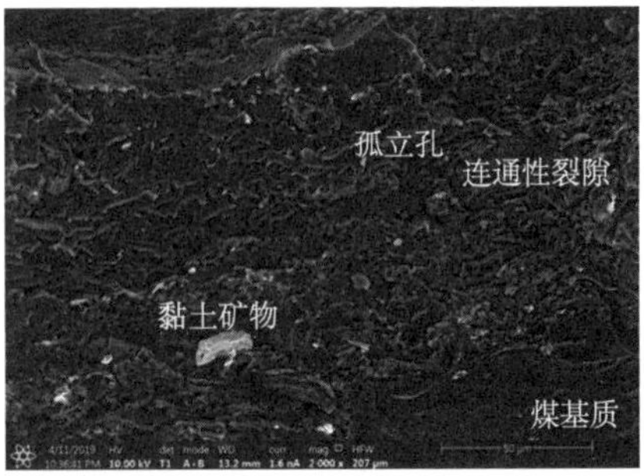

(b)

图 3-1　煤样中矿物质、孔裂隙和煤基质的分布情况

煤样，浸水后煤样为饱和含水煤样，研究表明累计浸水时间达到 20 d 之后孔隙结构基本保持不变。

(3) 使用 D/MAX-2500 型 X 射线衍射仪(XRD)确定煤样内各矿物成分的比重，进而计算得到 CT 三维重构时黏土矿物成分的阈值。

(4) 通过 MesoMR23-60H 型中口径核磁共振分析仪(NMR)确定煤样孔隙率及孔径分布，确定 CT 三维重构时孔裂隙的阈值。煤样孔裂隙双重结构重构流程见图 3-2。

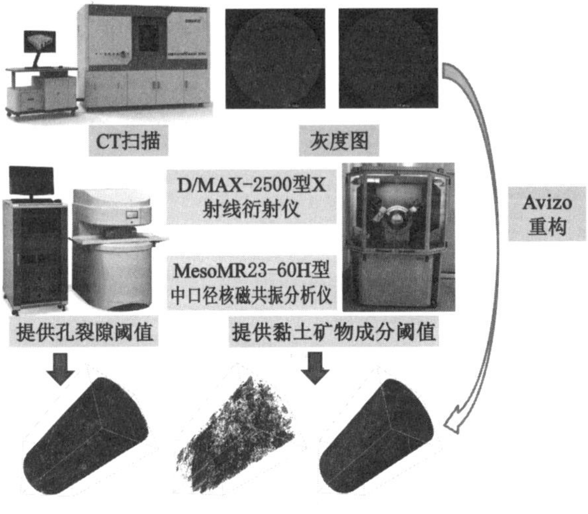

图 3-2　煤样孔裂隙双重结构重构流程

(5) 使用 Avizo 软件对浸水前后煤样进行三维重构，对比并量化分析浸水前后孔裂隙及矿物成分演化特征。

3.1.1.3 煤样吸水能力测定

为了获得煤样浸水时间曲线，将煤样烘干后浸没于水中 150 h，观测得到的含水率变化如图 3-3 所示。含水率随着浸水时间的增加呈正指数函数增长。在浸水 21 h 后吸水基本达到饱和并保持不变，饱和含水率为 5.6%。根据含水率曲线，选择自然含水率未浸水煤样(2.2%)和浸水 20 d 的煤样进行 CT 扫描分析。自然含水率和饱和含水率均由原煤煤样烘干和浸水获得，由于原煤煤样内水分无法完全烘干，所以此处含水率是相对含水率。

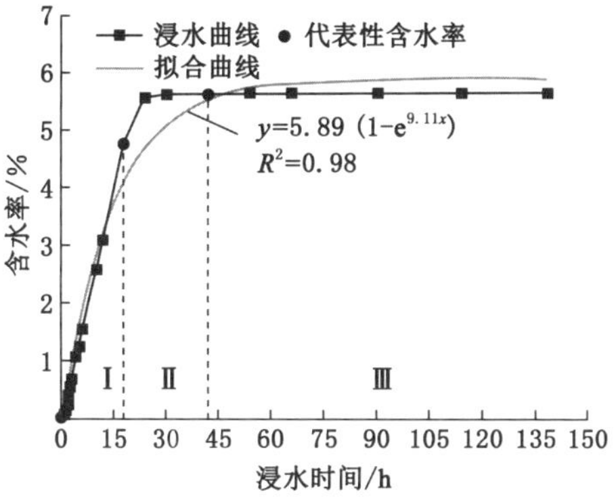

图 3-3 不同浸水时间煤样含水率变化

3.1.2 CT 扫描及阈值确定

3.1.2.1 CT 扫描

试验采用天津三英科技有限公司 nanoVoxel-3000 型 CT 扫描设备，其扫描电压为 160 kV，扫描电流为 175 μA，扫描帧数为 1 800 帧，扫描精度为 61 μm。对样本在浸水前后进行 2 次 CT 扫描，每次可获得 900×900×1 731 像素的三维灰度矩阵，为了便于储存及进行后续试验，将三维灰度矩阵沿着柱芯方向切分为 1 体素厚度的 1 731 张尺寸为 900×900 像素的灰度图像。

3.1.2.2 黏土矿物成分阈值

使用多功能 X 射线衍射仪测试煤样，可得到各种矿物成分含量，如表 3-1、表 3-2 所列。其中煤 1 的黏土矿物含量为 9.5%，煤 2 的黏土矿物含量为 14.4%，浸水后黏土矿物含量为 10%；煤 1 和煤 2 黏土矿物中有 95%为高岭石，其余为伊利石。浸水后煤样黏土矿物只有高岭石，不含其他黏土矿物成分，推测伊利石已在浸水过程中溶于水。根据 X 射线衍射结果，不断调试重构模型中黏土矿物的阈值，直至与实测结果一致，进而确定模型阈值分割时黏土矿物的阈值为 18 858。

表 3-1　矿物成分 X 射线衍射分析

样品号	原编号	矿物含量/%				
		石英	方解石	白云石	非晶质	黏土矿物
M1	煤 1	8.4	10.1	2.0	70	9.5
M2	煤 2	15.6	—	—	70	14.4
MS	煤水	9.3	15.7	—	65	10.0

表 3-2　黏土矿物 X 射线衍射分析

样品号	原编号	黏土矿物相对含量/%						混层比/%	
		S	I/S	It	K	C	C/S	I/S	C/S
MEI1	煤 1	—	—	5	95	—	—	—	—
MEI2	煤 2	—	—	5	95	—	—	—	—
MEI-S	煤水	—	—	—	100	—	—	—	—

S 代表蒙皂石类；I/S 代表伊蒙混层；It 代表伊利石；K 代表高岭石；C 代表绿泥石；C/S 代表绿蒙混层。

3.1.2.3　孔隙结构阈值

试验采用 MesoMR23-60H 型中尺寸核磁共振分析仪，相关技术参数为：共振频率为 21 MHz，脉宽 P1 为 19.00 μs，脉宽 P2 为 32.00 μs，采样点 TD=500 028，采样频率 SW=200 kHz，采样等待时间 TW=3 500 ms，模拟增益 RG1=20，重复采样次数 NS=32，回波时间 TE=0.25 ms，回波个数 NECH=10 000。

根据试验结果，得到浸水后煤样试块的孔隙度为 22.51%，根据核磁共振 T_2 谱分布曲线获得的孔径分布如图 3-4 所示。煤样孔径大小主要在 0.001 4～0.433 7 μm。根据核磁共振测量的孔隙度及孔径分布情况，不断调试孔裂隙阈值去匹配实测结果，最终得到三维重构孔裂隙的阈值为 17 370。

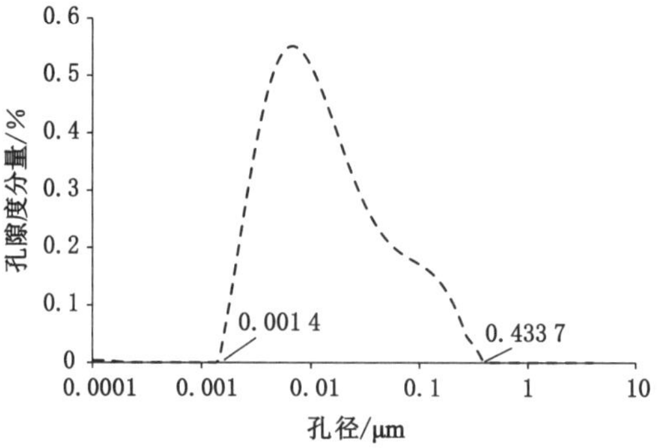

图 3-4　孔径分布图

3.1.2.4　CT 扫描三维重构

通过可视化软件 Avizo 对模型进行三位重构，根据 XRD 和 NMR 获得的矿物成分和孔裂隙阈值对浸水前后煤样进行重构，煤基质、孔裂隙及黏土矿物在煤样中的分布位置如图 3-1 所示。煤样中的黏土矿物含量相对较少，分布不均匀；孔裂隙包含孤立孔和连通性裂隙，且连通性裂隙更加密集，这与电镜扫描分析的结论相一致。同时利用 Avizo 软件自带的识别和计算功能，可以准确地得出煤样各个成分所占体积及其相关比例。重构模型的孔径大小与核磁共振获取的孔径分布对比如图 3-5 所示，重构获得的孔径分布基本与核磁共振结果一致，表明使用的分割阈值范围准确度较高。

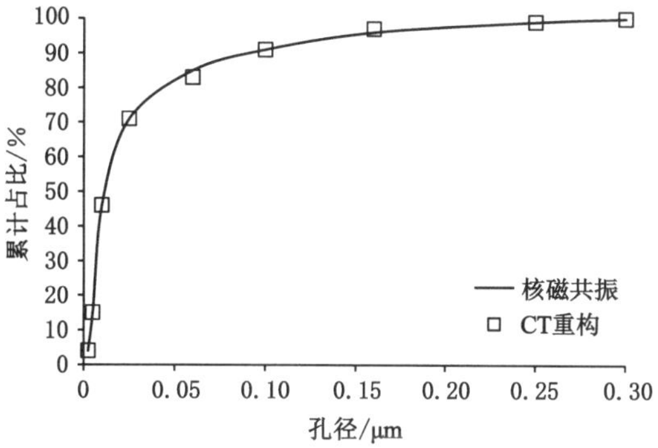

图 3-5　CT 重构与核磁共振孔径分布结果对比

3.2　水浸作用孔隙演化特征及微观驱动机制

3.2.1　浸水前后孔裂隙演化特征

3.2.1.1　浸水前后孔径分布情况

由于浸水前后的灰度图导入软件时位置有些许偏差，不利于浸水前后同位置孔隙发育情况对比，故需进行微调以提高浸水前后灰度图的重合度，如图 3-6 所示，以浸水前后的主要裂隙为对标，旋转平移浸水后的煤样，使得主要大裂隙对齐。此外，煤样边界会被自动识别为裂隙，影响分析结果。因此为了去除 CT 扫描煤样边界效应，选择煤样内部尺寸为 400×400×800 部分(截割起点 x、y、z 轴方向分别为 250、250、400)分析，如图 3-7 所示。

利用 Volume Fraction 命令对截割模型中各个成分的含量进行处理和计算。结果显示浸泡前煤样中矿物成分体积占比为 9.6%，孔裂隙体积占比为 20.3%；浸

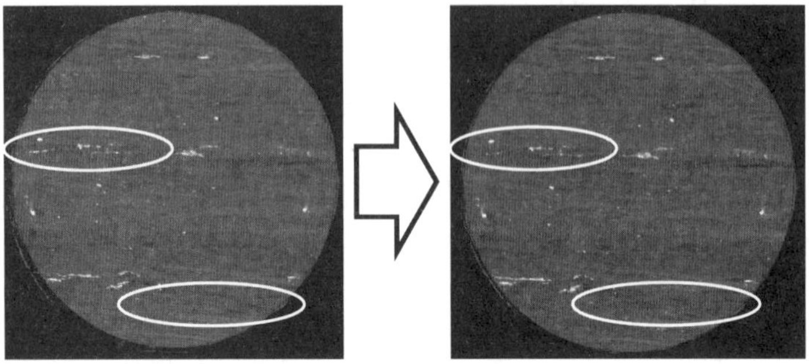

图 3-6　微调前后灰度图

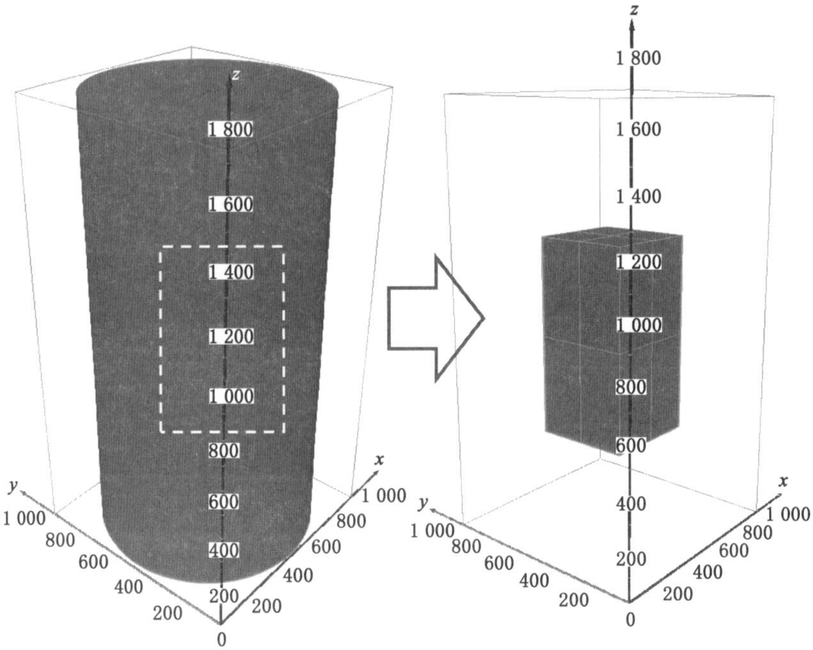

图 3-7　截割模型主视图

泡后煤样中矿物成分体积占比为 7.9%，孔裂隙体积占比为 22.6%。其中，浸泡前后矿物质成分的体积占比下降了 1.7%，孔裂隙占比增加了 2.3%。这是由于煤样浸水后部分黏土矿物成分(伊利石)遇水变为松软状态，溶于水中，导致浸泡后矿物质占比有所减少。另外增加的 0.6%的孔隙率则由于煤基质内部黏土矿物成分遇水膨胀导致煤样表面一些煤基质脱落而溶于水中。

浸水前后煤样的孔径分布对比如图 3-8 所示，浸水后煤样的总体孔隙率出现升高，但不同大小的孔径变化并不一致。总体而言，孔径相对较小的孔在水浸后体积占比有所提高，A、B、C、D 四组小孔体积占比分别提升了 0.069%、1.552%、1.004%和 0.303%。而孔径相对较大的孔体积占比则有所降低，E、F、G 三组孔隙体积占比分别下降了 0.337%、0.134%和 0.157%。小孔体积占比的增加主要是由于基质内的部分黏土矿物成分溶于水后增长。而大孔裂隙内(主要是连通孔)的黏土矿物成分遇水膨胀和溶解的矿物成分扩散附着，造成大孔体积占比减小。

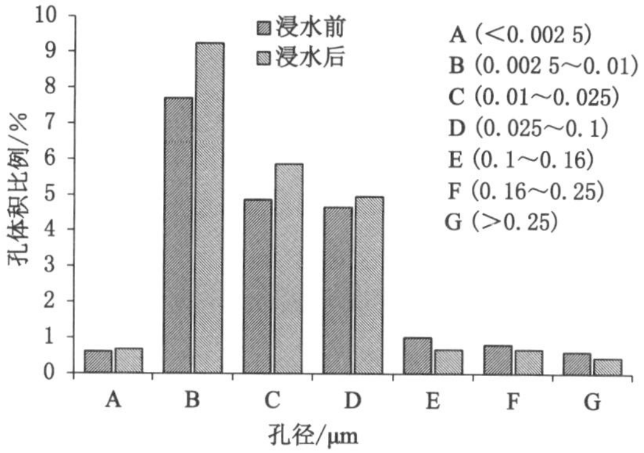

图 3-8　浸水前后孔径分布对比

3.2.1.2　浸水前后孔裂隙结构

煤体内孔裂隙可以分为孔隙和裂隙。其中孔隙连通性差、渗透率低，称为孤立孔；裂隙连通性好、渗透率高，是流体介质的主要流动通道，称为连通裂隙。为了进一步分析孤立孔和连通裂隙在浸水前后的变化特征，浸水前后孤立孔和连通裂隙情况如图 3-9 所示。由图 3-9 可以看出浸水后连通裂隙和孤立孔均有小幅度增加。使用 Volume Fraction 命令对孔隙的体积进行量化计算，浸泡前截割模型中连通裂隙体积和孤立孔体积占模型的总体积比分别为 19.21%和 1.12%，浸泡后为 21.29%和 1.28%。因此，浸泡前后连通裂隙体积和孤立孔体积占模型总体积的比值分别上升了 2.08%和 0.16%，总体孔隙率上升了 2.24%。这表明浸水主要增加的是连通裂隙，而孤立孔由于不易和外界水交换物质则变化相对较小。煤样浸水使得连通孔体积和孤立孔体积均出现增加，但增加幅度不高，分别为10.8%和14.3%，总体孔隙率增加了 10%。这主要是由于煤样内部亲水性矿物成分相对较少，造成浸水孔隙率变化幅度相对较小。

3.2.2　孔裂隙演化微观驱动机制

为了进一步分析孔隙率演化与矿物成分之间的关系，表 3-3 给出了浸水前

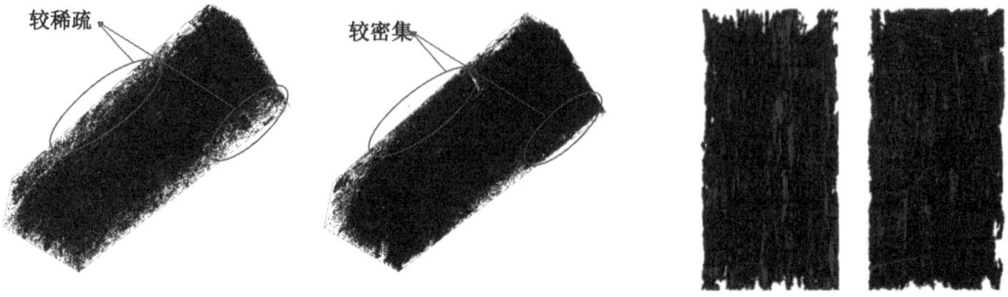

（a）孤立孔　　　　（b）连通裂隙

图 3-9　浸水前后连通裂隙和孤立孔的变化情况(左侧为浸水前,右侧为浸水后)

后增加的连通裂隙及减少的黏土矿物质的主要位置分布情况及两者之间的重合度。由表 3-3 可以发现黏土矿物质减少的位置与连通裂隙增加的位置重合度较高,平均重合度达到了 62.6%(考虑浸水前后煤样的膨胀效应,导致浸水前后矿物成分位置稍微存在区别,进而降低重合度)。这进一步证实了部分黏土矿物遇水后软化溶解且随着连通裂隙中的水流脱离煤样,最终在原有位置上形成了连通裂隙。

表 3-3　连通裂隙与矿物质变动位置分布

序号	连通裂隙与矿物质分布位置	重合比例
a	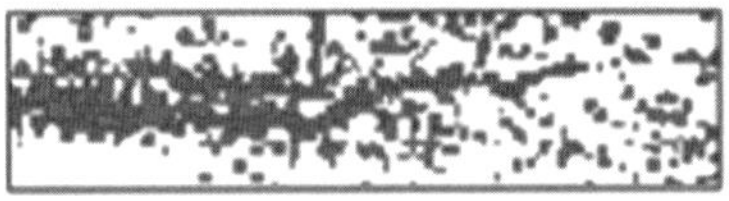	59.82%
b	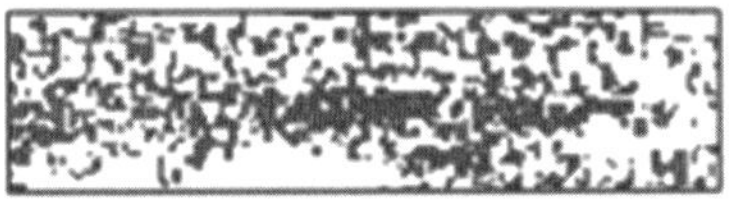	63.14%
c		65.38%
d		61.97%

为了对比浸水前后孔裂隙分布均匀性的变化,对截割模型面孔裂隙分布情况进行分析,沿 z 轴方向对面孔裂隙分布占比进行计算并绘制成相应的曲线图,

如图 3-10 所示。由图 3-10 可以看出:浸水前面孔裂隙占比平均值为 20.33%,最大值为 32.27%,最小值为 16.36%,方差为 0.000 6;浸水后,面孔裂隙占比平均值为22.57%,最大值为 27.10%,最小值为 17.21%,方差为 0.000 2。这表明煤样浸水后孔裂隙分布相对更加均匀,因为煤样内部聚集的微颗粒黏土矿物成分(电镜扫描可以看出)遇水后变为流体状态并出现一定的膨胀,有序分布于孔裂隙之间,从而导致孔裂隙分布也更加均匀。在同等孔隙率条件下,截面孔裂隙均匀分布相对于非均匀分布情况下的渗透率更高,这进一步表明浸水将增加煤样的渗透能力。

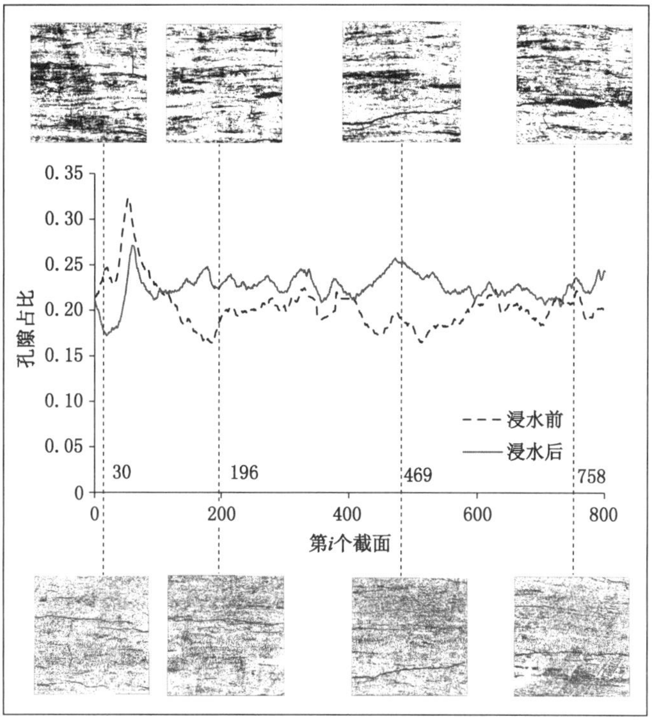

图 3-10　面孔裂隙占比及分布情况

综合 XRD、核磁共振、CT 扫描等手段,提出了煤体孔裂隙结构与矿物成分的精确表征重构方法,并在此基础上进一步获得了水浸煤样孔裂隙演化特征及驱动机制:煤样浸水过程中其内部的黏土矿物成分遇水膨胀溶解导致煤样孔裂隙变化,但对煤样孔径及孔隙率影响较大的主要是连通裂隙附近煤基质中的黏土矿物成分(孤立孔体积基本没有变化),具体如图 3-11 所示。在煤样浸水后,连通裂隙与外界水样沟通,靠近连通裂隙内及周边黏土矿物遇水后膨胀、软化并溶于水中开始扩散。扩散过程中，部分黏土矿物扩散至外界水中，造成煤样孔隙率的增加；另一部分扩散附着在连通裂隙内，导致大孔径裂隙孔径缩小，煤样整体孔径分布更加均匀。

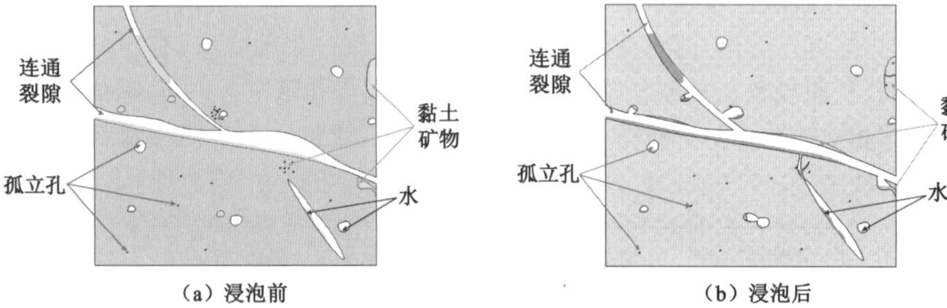

图 3-11　煤样浸水前后孔裂隙演化驱动机制

分析过程中忽略了浸水前后含水率不同对煤样总体积的影响，煤样浸水前后总体积相差 2.2%，以往研究表明含水率高会造成一定程度的体积膨胀。而利用 Avizo 软件对比浸水前后总体积发现，浸水后总体积仅增加了 0.07%，主要原因是大多数矿物成分存在于煤样孔裂隙中，遇水膨胀一定程度上减小了大孔孔径，煤样浸水前后孔裂隙演化驱动机制如图 3-11 所示，但对于煤样的整体体积基本上没有影响，因此在分析中没有考虑。

3.3　单轴与多级加卸载作用下煤体损伤特征试验

3.3.1　单轴压缩作用煤样基础力学特性测试分析

3.3.1.1　基础力学测试方案及试验设备

在锦界煤矿 31409 工作面回风巷中，将实体煤块取样后，利用煤岩样钻机、切割机等装置分别制备 ϕ50 mm×L20 mm、ϕ50 mm×L50 mm 和 ϕ50 mm×L100 mm 的标准试验煤样，煤样制备过程如图 3-12 所示；并进行自然条件下的薄膜养护，随后贴上试验标签。其中单轴抗压、抗拉煤样分别有 6 组(命名为：KY-序号、KL-序号)，抗剪试验分别测试了标准煤样在 65°、60°和 55°时的抗剪强度特性，每个角度 6 组(命名为：KJ-65-序号、KJ-60-序号、KJ-55-序号)。在单轴抗压试验中分别对每组煤样粘贴应变片，同步测试单轴压缩期间样品的横向和纵向应变，计算泊松比等参数。基础力学参数测试设备如图 3-13 所示。

（a）运输　（b）钻取　（c）保养　（d）标记

图 3-12　煤样制备过程

（a）单轴抗剪和抗拉强度试验　（b）单轴抗压强度试验

图 3-13　基础力学参数测试设备

3.3.1.2　煤样单轴压缩基础力学强度分析

1. 煤样抗压强度试验分析

按照试验要求，预先在单个煤样表面粘贴 2 个横纵相交的应变片，通过 MTS 液压伺服单轴压缩试验机，按照 0.5 MPa/s 的加载速率进行载荷输出，直至煤样损伤破坏；将完成抗压强度测试的 6 组煤样的载荷-位移数据及静态电阻应变仪同步传输的应变数据进行集中处理，并计算得出煤样单轴压缩试验载荷-位移曲线，如图 3-14 所示。其中单轴压缩期间煤样经历了孔裂隙压实—弹性变形—塑性损伤—破坏失稳 4 个阶段，且破断载荷为36.11 kN，综合分析 6 组煤样得出单轴抗压强度为 18.40 MPa，弹性模量为 29.43 GPa，泊松比为 0.4。试验期间通过观察多组煤样破坏形式，将其抗压破碎状态分为压碎、压剪、张裂 3 种，如图 3-15 所示。

2. 煤样抗拉强度试验分析

通过 SANS 试验机和煤岩样加持模具，按照 0.3 MPa/s 的载荷加载速率对煤样的单轴抗拉强度进行间接测试，试验机同步传输煤样的单轴抗拉载荷-位移曲线，其中 6 组煤样的实测曲线趋势相同，大致经历了压实段—弹性无损段—塑性损伤段—破坏失稳段 4 个阶段(图 3-16)，破坏载荷最大为 3.32 kN，平均破断载荷为 2.54 kN，结合抗拉强度计算公式得出煤样单轴抗拉强度为 1.62 MPa。

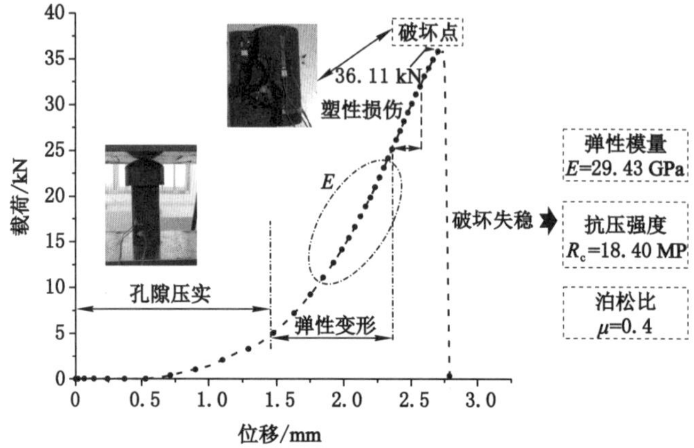

图 3-14 煤样单轴压缩试验载荷-位移曲线

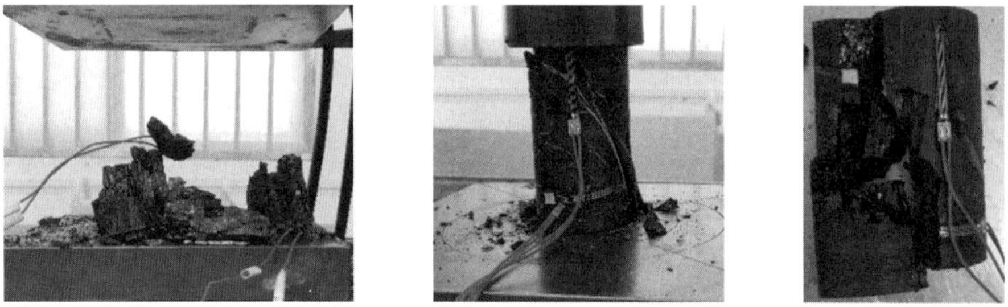

(a) 压碎　　(b) 压剪　　(c) 张裂

图 3-15 煤样试件的单轴抗压破碎状态

受单轴压力作用,圆柱体煤样在竖直径向承受集中应力,由于试件侧边无约束且抗压强度远远大于抗拉强度,造成破断张拉裂痕主要沿着受力方向的直径方向(图 3-17)。

3. 煤样抗剪强度试验分析

通过 SANS 试验机和煤岩样变角剪切加持模具,压力机以 0.5 MPa/s 的加载速度对设计剪切角度为 65°、60°和 55°的煤样施加轴向压力,综合分析 3 种剪切角度的载荷-位移曲线(图 3-18)可知:① 煤样多角度剪切破裂的载荷-位移曲线趋势相似,且均存在损伤破坏之前载荷数值的波动现象(陡增和骤降),原因是煤样剪切破坏时内部矿物结构间的损伤裂隙发育、贯通;② 煤样剪切破坏载荷随着剪切角度的增大而减小。利用正应力和剪应力的计算公式,分类计算和统计 3 组剪切角度的每组 6 个试件的正应力和剪应力,得出正应力-剪应力关系曲线,在 3 个不同的剪切角度曲线中选取 1 个数据点构成数据选点曲线,利用拟合

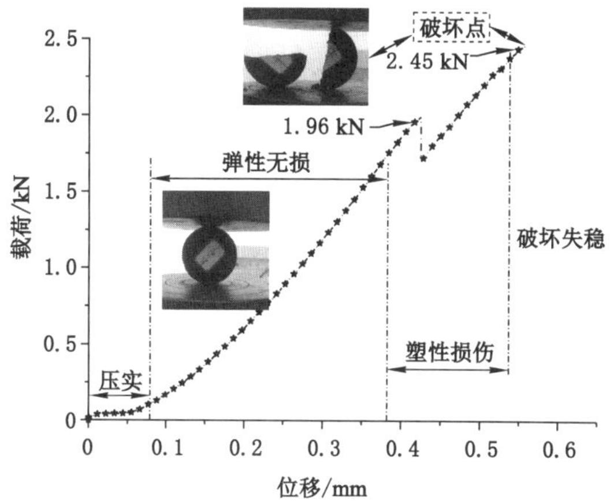

图 3-16　煤样单轴抗拉试验载荷-位移曲线

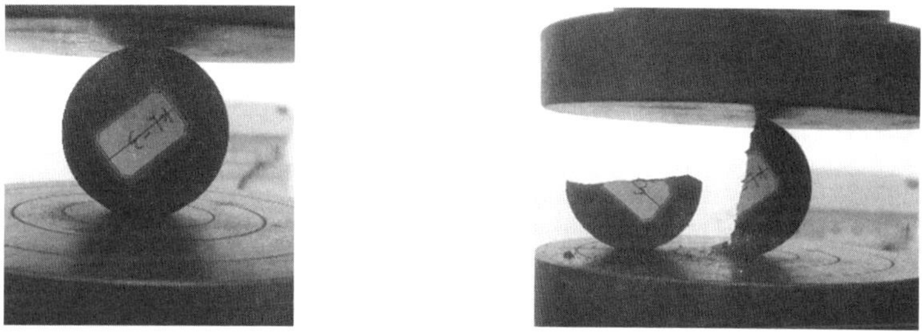

（a）试验前　　（b）试验后

图 3-17　煤样试件单轴抗拉破碎状态

手段完成曲线简化如图 3-19 所示。由上述可知煤样的内摩擦角 $\varphi=32°$，黏聚力 $c=3.3$ MPa。煤样多角度单轴抗剪破坏状态如图 3-20 所示。

3.3.2　多级加卸载煤样应力变化特征及裂隙演化规律

3.3.2.1　循环加卸载力学测试方案及试验设备

将 31409 工作面煤样试件始终保养在自然温度条件下，本节选用 $\phi50$ mm×$L100$ mm 的标准试件。基于煤样单轴抗压强度和规避试件力学离散性特征，将试验加卸载极限载荷设置为极限破坏载荷的 50%左右(即 15 kN)，故三级循环加卸载极限峰值分为 5 kN、10 kN、15 kN，每组 5 个试件，煤样标记为 JX-Ⅰ-0-序号、JX-Ⅱ-0-序号和 JX-Ⅲ-0-序号，电液伺服压力试验机以 300 N/s 的加载速率作用于单个试件，且每次循环卸载至 0.5 kN 时开始下一步加载循环，循环结束后探

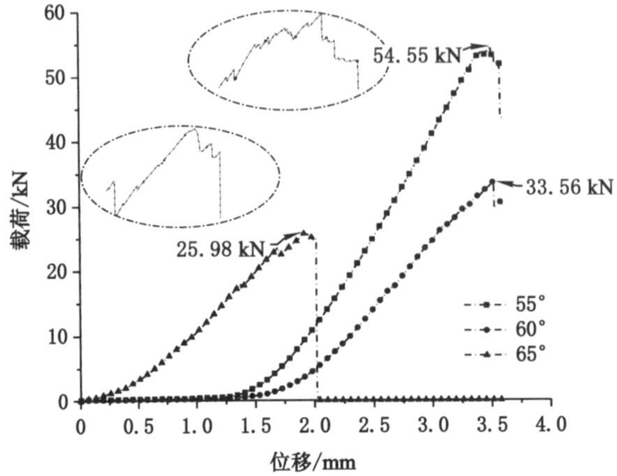

图 3-18　变角剪切载荷-位移曲线

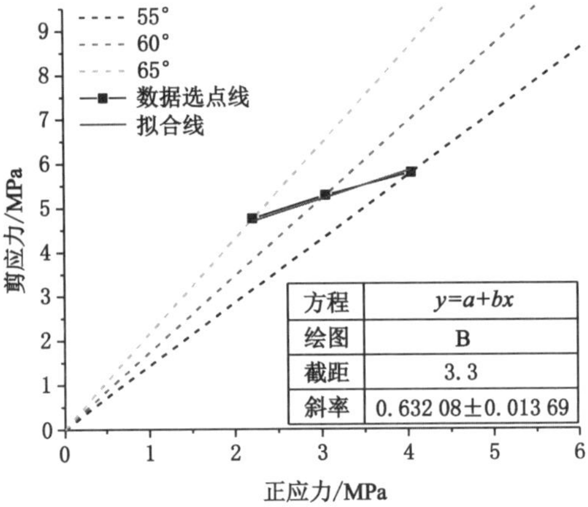

图 3-19　剪切试验结果统计

（a）55°　　（b）60°　　（c）65°

图 3-20　煤样多角度单轴抗剪破坏状态

究每组试件的应力循环路径、应力叠加效应。完成上述操作后，将煤样试件通过压力机以 200 N/s 的加载速率压缩至破坏，揭示单轴压缩与循环加卸载煤样损伤破断特征和应力响应规律。同步分析声发射装置同步传输的煤样裂隙发育和扩展特征，统计参数包括裂隙计数、能量、振幅和定位 4 种，试验设备见图 3-21。

(a) 压力试验机　　　　(b) 声发射装置

图 3-21　循环加卸载力学测试压力试验机和声发射装置

3.3.2.2　煤样循环应力变化特征和裂隙发育响应规律

1. 煤样循环加卸载作用载荷-位移关系

依据 3.3.2 节试验方案，得到循环加卸载 1 次、循环加卸载 2 次、循环加卸载 3 次的载荷-位移曲线和加卸载路径分布，如图 3-22～3-24 所示，其中加载路径为 OA_1、O_1A_1、O_1A_2、O_1A_3，卸载路径为 A_1O_1、A_2O_1、A_3O_1。

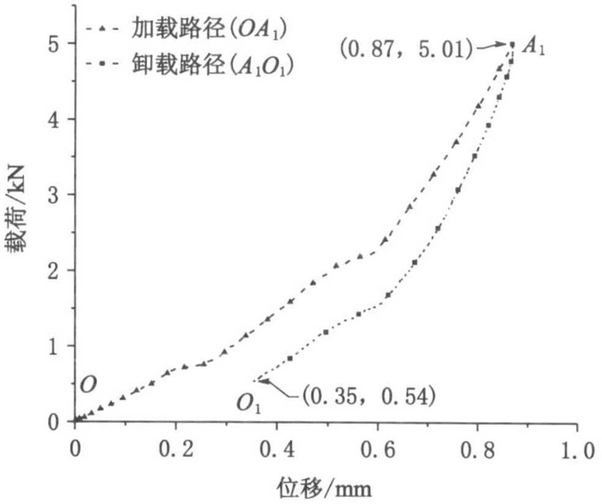

图 3-22　循环加卸载 1 次的载荷-位移曲线

由多次循环加卸载作用煤样载荷-位移曲线和加卸载路径可知：

(1) 煤样单次(加卸载 1 次、2 次和 3 次)加载和卸载曲线中的应力路径存在位移偏差且不同卸载路径之间具有明显的滞后卸载特征，主要原因是前一次循化加

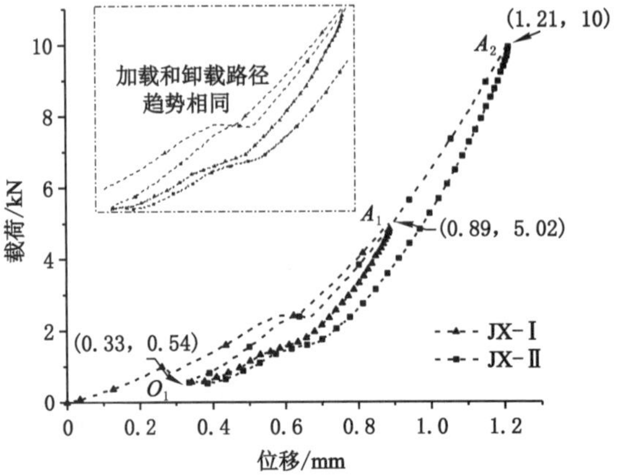

图 3-23　循环加卸载 2 次的载荷-位移曲线

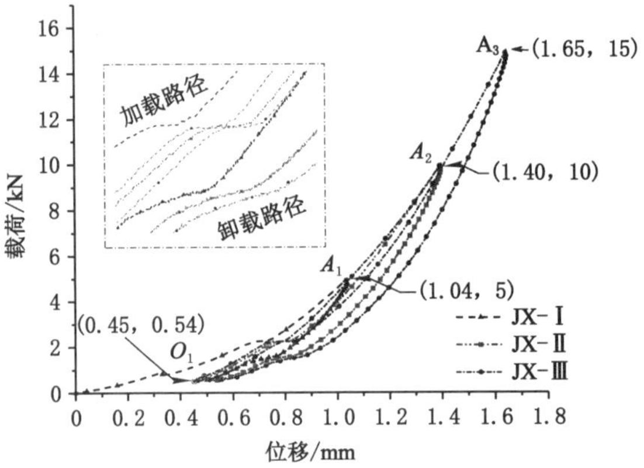

图 3-24　循环加卸载 3 次的载荷-位移曲线

卸载过程中煤样裂隙多次损伤且处于累积受压状态，未能完全恢复初始承载状态。

(2) 对比分析循环加卸载 2 次和 3 次的加载和卸载路径，每次加载路径和卸载路径的整体趋势相同，且每次载荷施加后均存在明显的裂隙压密阶段。

(3) 多次循环加卸载过程中加载和卸载曲线形成的点线交接区域构成塑性滞回环，且随着循环次数的增加，滞回环面积略有增加，主要原因是煤样发生了累积疲劳损伤。

2. 煤样循环加卸载损伤单轴压缩载荷-位移变化

基于无损状态煤样单轴压缩条件下的载荷-位移曲线和应力作用破断损伤特征，分类展示了煤岩试件在循环加卸载累积损伤作用后的单轴压缩全载荷-位移曲线，并记录了循环加卸载 3 次过程中的煤样破坏形态，如图 3-25 所示。

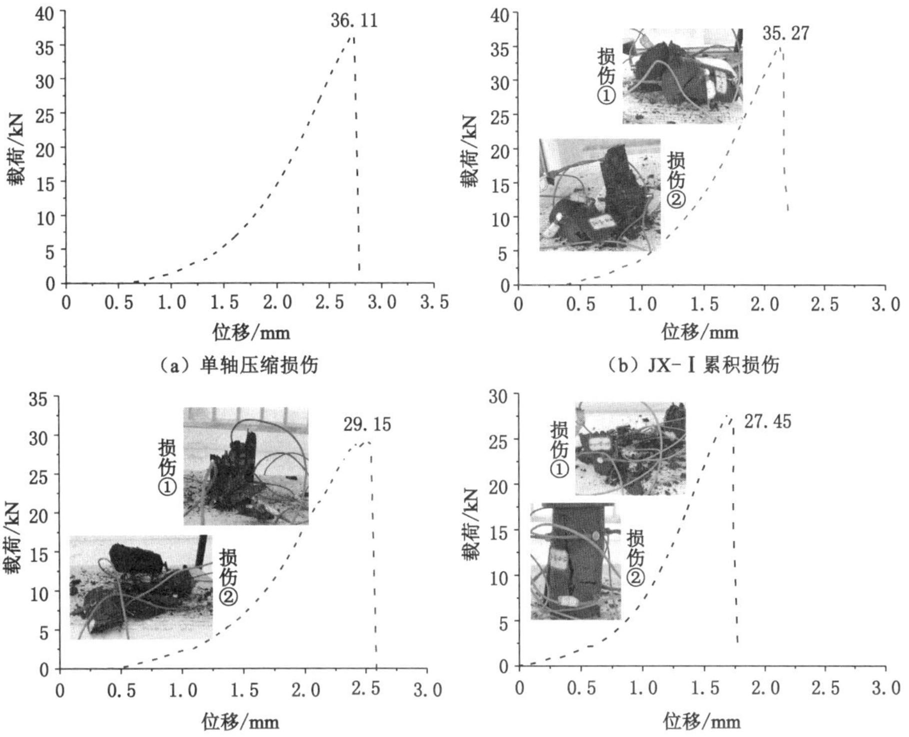

(a) 单轴压缩损伤　(b) JX-Ⅰ累积损伤

(c) JX-Ⅱ累积损伤　(d) JX-Ⅲ累积损伤

图 3-25　单轴压缩与循环加卸载累积损伤载荷-位移曲线对比

由图 3-25 可知：

(1) 随着循环加卸载次数的增加，煤样损伤破碎前的载荷波动次数和幅度均有增加的趋势，而单轴压缩作用条件时多数煤样仅仅发生受压破坏的载荷陡降效应，说明循环加卸载过程中对整体煤样形成切块损伤，增加了裂隙切割煤样块体间剪切滑移行为。

(2) 受循环加卸载作用的非弹性各向异性煤样，随着循环次数的增加，煤样载荷-位移曲线中的压密阶段逐渐缩短，呈现出反复应力作用形成的密实块体孔隙、裂隙现象和累积损伤不可恢复的效果。

(3) 对比单轴压缩时的破断载荷为 36.11 kN，循环 1、2、3 次的极限载荷分别为 35.27 kN、29.15 kN、27.45 kN；循环加卸载 1 次后煤样极限破坏载荷的变化幅度较小，而加卸载 2 次和 3 次后煤样极限破坏载荷的变化较为显著。

3. 循环加卸载煤样声发射特征参数

多级循环加卸载煤样声发射特征参数如图 3-26 所示，由图 3-26 可知：

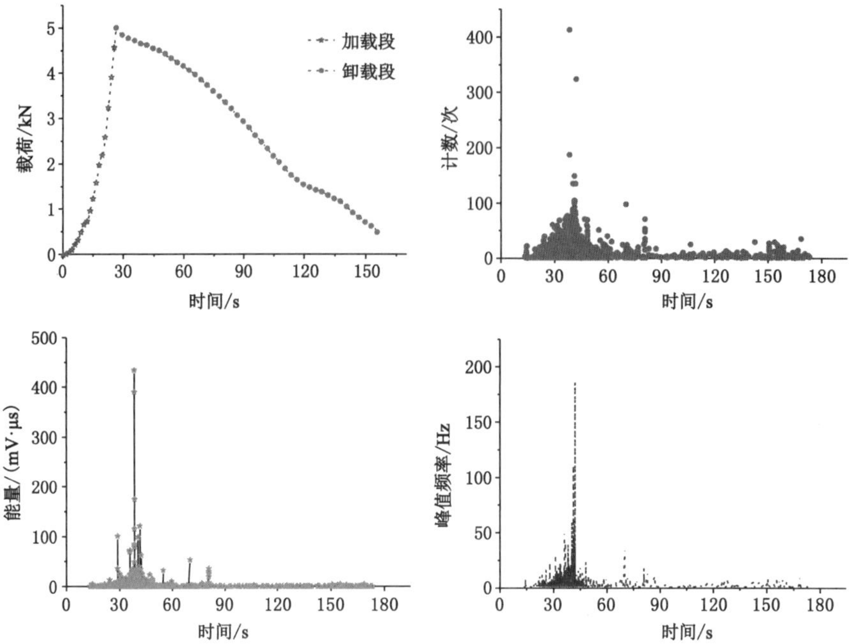

（a）循环加卸载1次

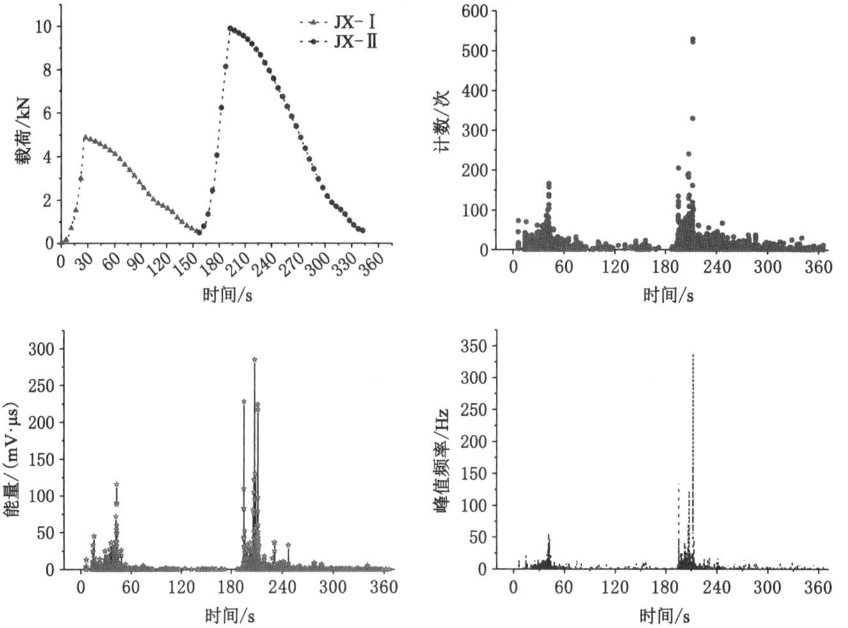

（b）循环加卸载2次

图 3-26　多级循环加卸载煤样声发射特征参数

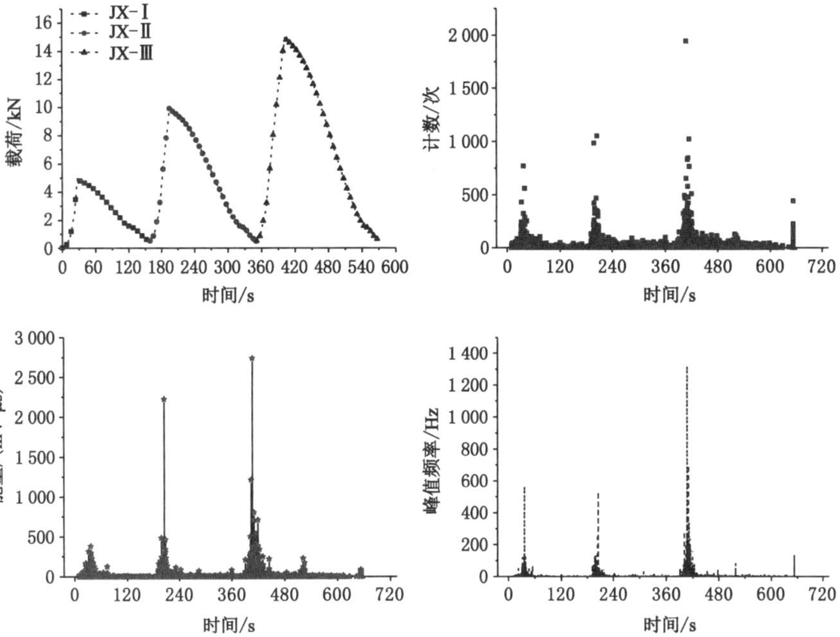

(c) 循环加卸载3次

图 3-26(续)

(1) 循环加卸载 1 次时,煤样新生裂隙的活动极值在加载峰值处(即 30 s 左右)达到最大的 400 次,且主体活跃阶段主要分布在 0～60 s 范围内且波击次数处于 0～100 次之间,随应力回降裂隙扩展的计数呈现平稳回落;且相对能量的变化状态与计数参数同步发生,历经高能段和缓冲段;峰值频率在循环应力峰值时达到约 200 Hz。

(2) 循环加卸载 2 次损伤期间,煤样声发射特征参数变化具有单次间变化趋势的相似性和损伤效应的差异性特征;即 3 种参数(计数、能量和峰值频率)对比循环加卸载 1 次时的峰值变化程度较小且均随应力加载和卸载产生各自的陡增和缓和段;2 次循环间的波击计数变化差值最大在 400 次左右,能量变化范围为 200 mV・μs 左右,峰值频率变化差值为 250 Hz 左右,说明循环加卸载 2 次致使煤样裂隙变化较为活跃。

(3) 循环加卸载 3 次累积损伤过程中继续保持循环 2 次时单次间的变化趋势,而累积损伤效应更加明显;即循环加卸载第 3 次与循环加卸载第 1 次和循环加卸载第 2 次的主体计数差值分别为 750 次和 500 次左右,相对能量变化差值分别为 500 mV・μs 和 2 250 mV・μs 左右,峰值频率的变化差值分别为 1 300 Hz 和 800 Hz,说明循环加卸载 3 次煤样裂隙的发育程度和损伤状况较为显著。

3.4 水浸作用下煤体损伤与强度弱化试验

3.4.1 加卸载损伤煤样水浸作用力学承载试验方案及设备

大量测试表明煤岩体的力学性质与含水率呈负相关，特别是煤岩体内含有明显的亲水矿物成分时。在煤柱坝体长期浸水过程中，地下水通过润滑、软化、冲刷运移、崩解、泥化、结合水强化、离子交换、溶解和氧化还原等物理化学作用改变煤柱坝体的矿物成分和微细观结构，使其体积膨胀、孔隙度增加，造成煤体内部损伤，微裂纹扩展形成宏观裂纹，从而弱化煤体的宏观力学性能。因此，矿井地下水库煤柱坝体在水浸弱化作用下的稳定性是决定矿井地下水库长期稳定运行的关键因素之一。

根据 3.3.1 节的自然状态煤样单轴压缩试验和 3.3.2 节的多级循环加卸载累积损伤煤样强度弱化试验测试结果（强度弱化、弹性模量起伏和弹性段缩减程度等），本节继续使用 3.3.2 节中尺寸为 $\phi 50$ mm×$L100$ mm 的标准试件，先沿用多级循环加卸载累积损伤的应力加载条件，再构建不同浸水周期（7 d、14 d 和 21 d）的多重累积应力-水浸损伤环境，加卸载损伤的煤样及水浸装置如图 3-27 所示。

（a）损伤煤样　（b）浸水7 d　（c）浸水14 d　（d）浸水21 d

图 3-27　加卸载损伤的煤样及水浸装置

将 45 个煤样试件分别划分为 3 组：

第一组：① 循环加卸载 1 次，浸水 7 d（试件编号：JX-Ⅰ-7-序号），共 5 个；② 循环加卸载 2 次，浸水 7 d（试件编号：JX-Ⅱ-7-序号），共 5 个；③ 循环加卸载 3 次，浸水 7 d（试件编号：JX-Ⅲ-7-序号），共 5 个。

第二组：① 循环加卸载 1 次，浸水 14 d（试件编号：JX-Ⅰ-14-序号），共 5 个；② 循环加卸载 2 次，浸水 14 d（试件编号：JX-Ⅱ-14-序号），共 5 个；③ 循环加卸载 3 次，浸水 14 d（试件编号：JX-Ⅲ-14-序号），共 5 个。

第三组：① 循环加卸载 1 次，浸水 21 d（试件编号：JX-Ⅰ-21-序号），共 5 个；② 循环加卸载 2 次，浸水 21 d（试件编号：JX-Ⅱ-21-序号），共 5 个；③ 循环加卸载 3 次，浸水 21 d(试件编号:JX-Ⅲ-21-序号)，共 5 个。

当累积应力损伤煤样达到指定浸水时长后，同样按照 200 N/s 的应力加载速率将其压缩至破碎。加卸载损伤煤样水浸作用单轴压缩试验测试装置如图 3-28 所示。

(a) 压力试验机　　(b) 声发射装置　　(c) 红外成像仪

图 3-28　加卸载损伤煤样水浸作用单轴压缩试验测试装置

3.4.2　循环加卸载损伤煤样水浸劣化效应和强度弱化规律

3.4.2.1　多重循环加卸载损伤煤样不同水浸周期的强度弱化特征

煤样试件的力学承载特性主要受内部和外部因素约束，内部因素体现在矿物组分和缺陷产状等方面，而外部因素包括应力、水浸、温度等。通过上述试验方案和结果，得出阶梯式递增的循环应力次数以及多种浸水周期下的煤样抗压强度弱化规律和变化特征如图 3-29 所示。

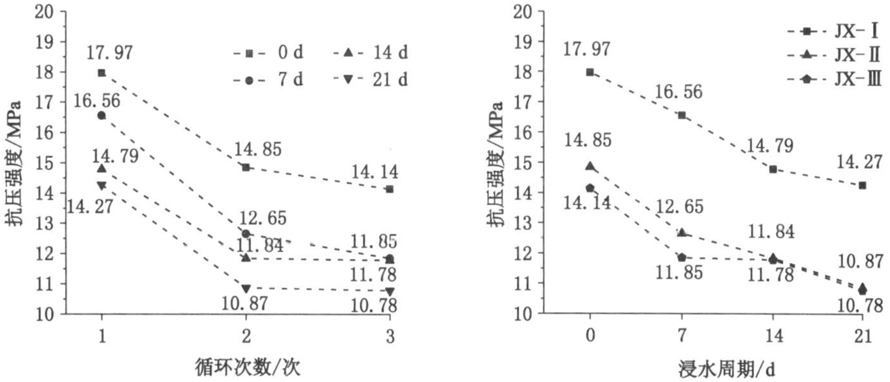

(a) 加卸载次数　　(b) 浸水周期

图 3-29　多重循环加卸载损伤煤样不同水浸周期的抗压强度变化曲线

由图 3-29 可知：

(1) 同一浸水周期条件下，不同循环加卸载次数致使煤样抗压强度呈现出先急剧下降后平稳降低的趋势，即相比无损煤样单轴抗压强度 18.40 MPa，单一条件下损伤煤样的强度均发生不同程度的降低。随着循环加卸载次数的递增，浸水周期为 0 d、7 d、14 d、21 d 的强度削减为：17.97 MPa、14.85 MPa、14.14 MPa(0 d)，16.56 MPa、12.65 MPa、11.85 MPa(7 d)，14.79 MPa、11.84 MPa、11.78 MPa(14 d)，14.27 MPa、10.87 MPa、10.78 MPa(21 d)。

(2) 同一循环加卸载次数前提下，不同浸水周期造成煤样强度呈现出逐步减少的状态。其中循环加卸载 1 次和 2 次的强度弱化趋势相似，均受应力损伤后在不同浸水周期内发生线性降低；而循环加卸载 3 次的煤样强度弱化趋势在浸水周期为 7～14 d 期间出现了一个“缓降阶梯”，当浸水周期达到 21 d 时煤样强度继续呈下降趋势。

3.4.2.2　循环应力和水浸损伤叠加作用下吸水量变化规律

结合非均质各向异性试件在动态应力条件下煤样组分集合体排列形式和内含缺陷的开闭转换方式，综合分析多重循环加卸载损伤、不同浸水周期煤样的吸水量变化规律如图 3-30 所示。

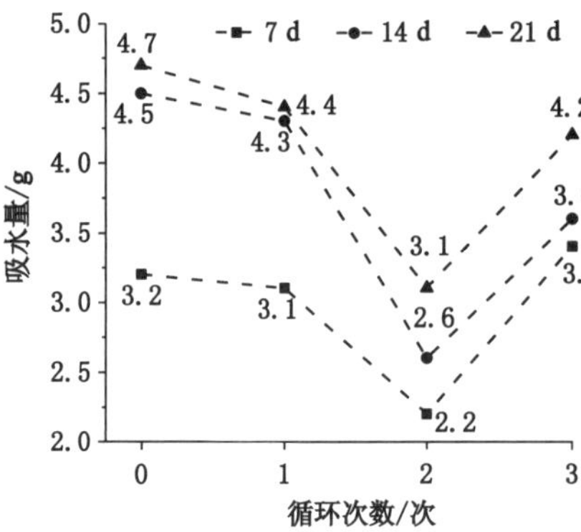

(a) 累积循环次数

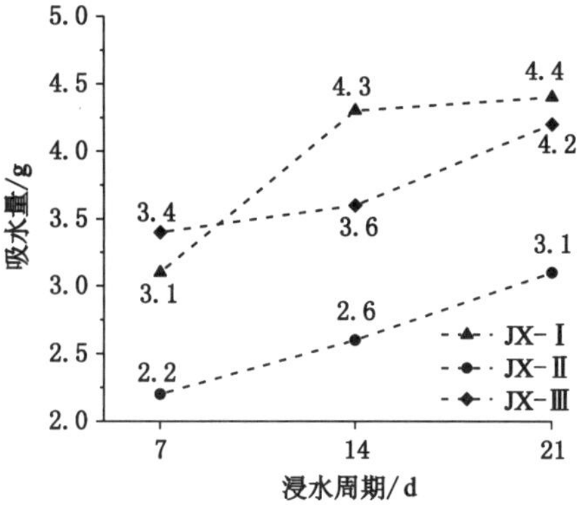

(b) 多种浸水周期

图 3-30　多重循环加卸载损伤、不同水浸周期煤样的吸水量变化曲线

(1) 浸水周期一定时，循环加卸载 0 次(自然状态)和循环加卸载 1 次间的吸水量变化增量最大为 0.3 g，而加卸载 1 次和 2 次间的吸水增量最小为−0.9 g，出现单个循环间的吸水量锐减；当循环加卸载 3 次时，吸水量再次出现陡增现象，且最小变化量为 1.0 g。

(2) 在同等浸水压力、水温等环境下单一循环加卸载作用时，随着浸水周期增加，循环加卸载 1 次和 2 次的吸水量呈增长趋势，而两者间的吸水量最值差别明显，分别为 3.1 g、4.4 g(加卸载 1 次)和 2.2 g、3.1 g(加卸载 2 次)。循环加卸载 3 次、浸水周期在 7～14 d 时的吸水量变化较平稳，差值为 0.2 g，周期达到 21 d 时吸水量再次增加，说明此间煤样出现短暂的吸水饱和状态。

3.4.2.3　应力-水浸作用煤样再次压缩期间的裂隙声发射特征

循环加卸载 3 次损伤煤样不同浸水周期作用压缩破碎时声发射特征参数如图 3-31 所示，由图 3-31 可知：

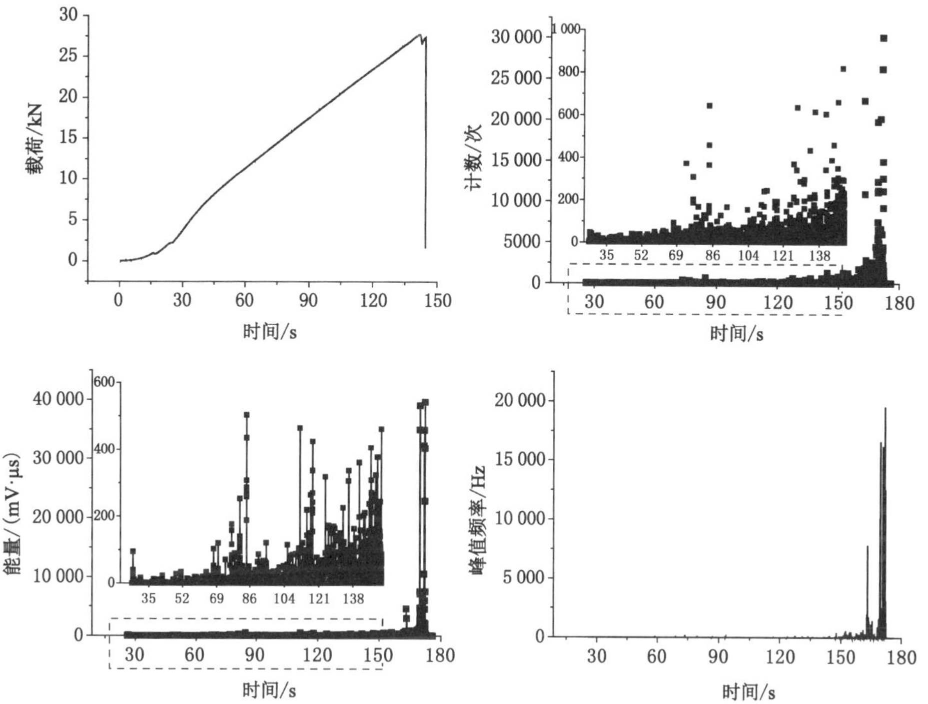

(a) 浸水0 d

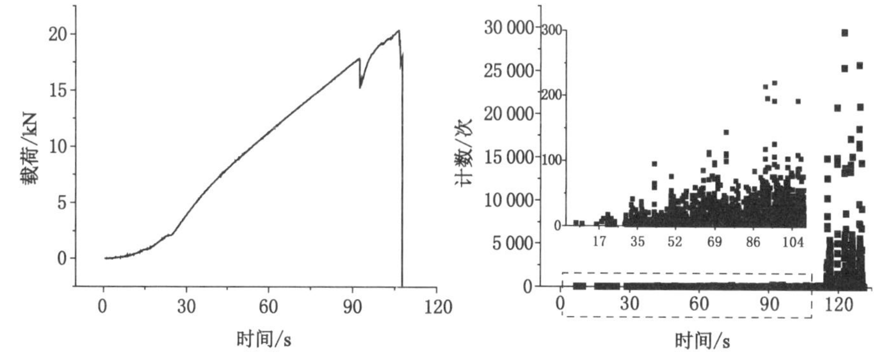

图 3-31　循环加卸载 3 次损伤煤样不同浸水周期作用压缩破碎时声发射特征参数

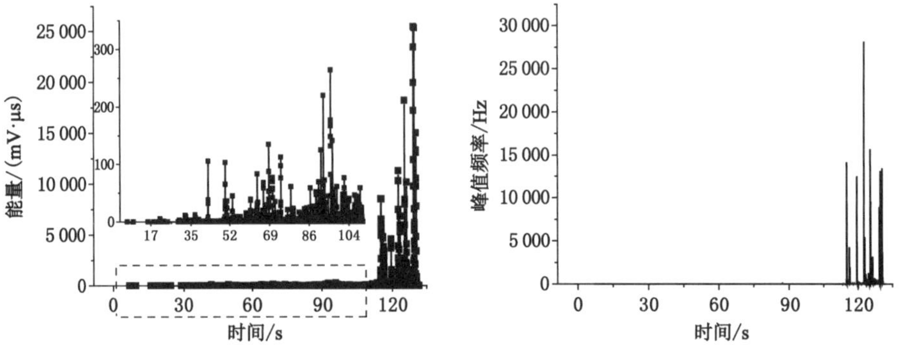

（b）浸水7 d

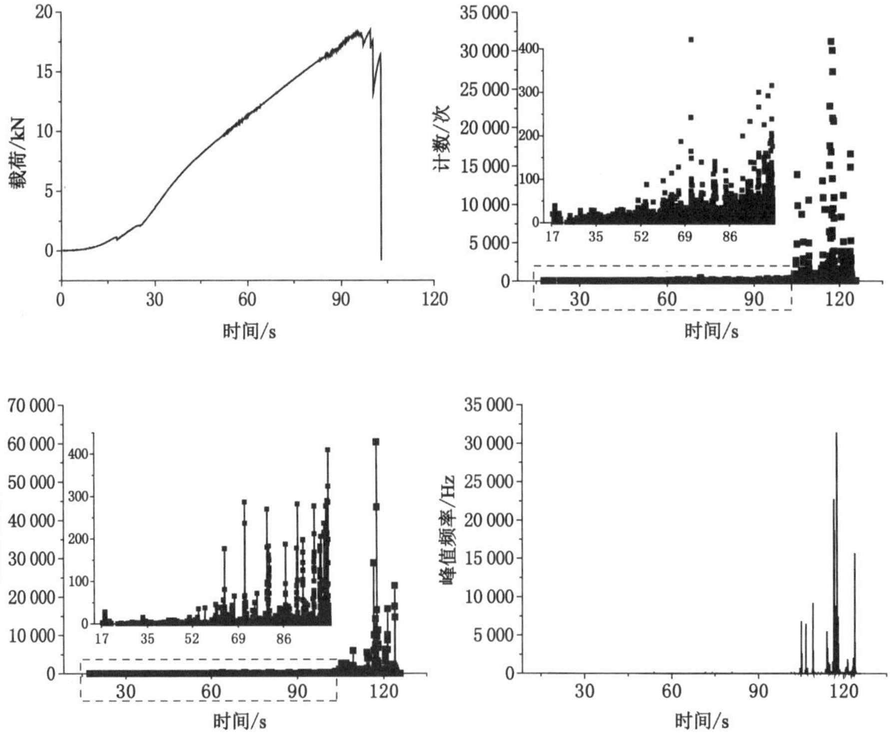

（c）浸水14 d

图 3-31(续)

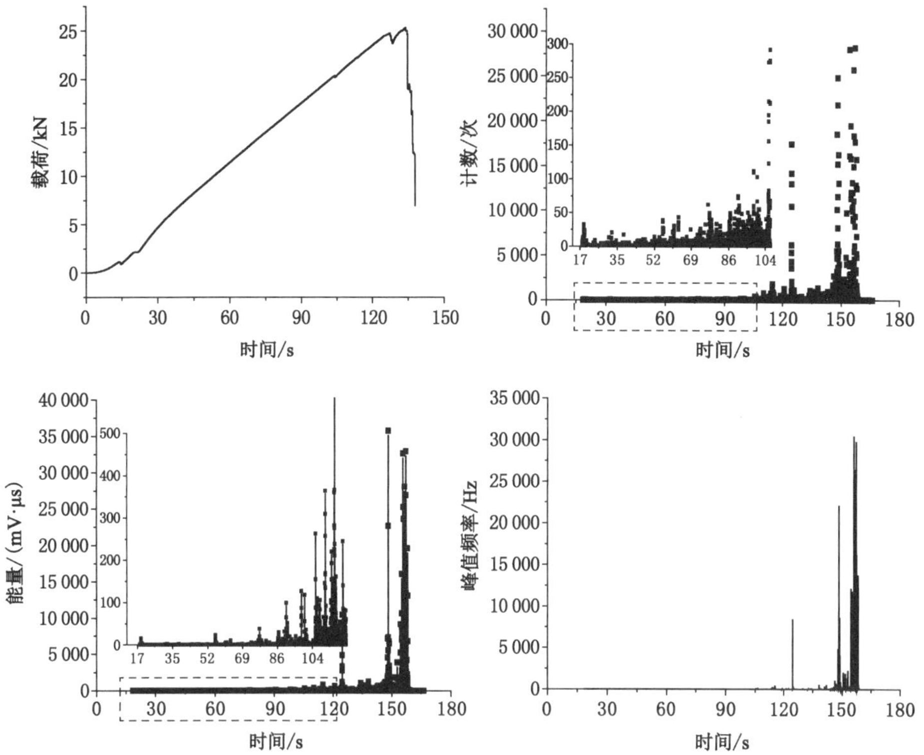

(d) 浸水21 d

图 3-31(续)

(1) 累积加卸载 3 次承载煤样多重浸水周期作用后完成压缩破坏期间,随应力增加、浸水周期延长,损伤煤样的弹性变形时段逐步减少、塑性劣化时段的载荷波动次数陡增、残余承载效应持续存在,说明多次循环加卸载累积损伤和水浸弱化作用降低了煤体自身抗压强度,提升了煤样残余承载能力,并延缓了其渡过极限载荷后处于低载荷、长浸水周期双重环境中的瞬时破碎行为。

(2) 对比累积损伤煤样且浸水 0 d、7 d、14 d、21 d 的声发射参数,计数和能量的数值变化平稳阶段的持续时间分别为 150 s、104 s、86 s 和 104 s,分别占煤样受载至完全破坏时段的 83%、86%、72%和 77%,说明含水煤样声发射弱化作用占受载破裂期间主体时间,且侵蚀效果显著。

(3) 对比多重应力作用和水浸周期影响煤样压缩破裂期间的声发射计数、能量、峰值频率可知,应力和水浸作用使得煤样的裂隙发育、能量释放、整体失稳等特征集中发生在极限应力后期的残余承载时段,并具有不同于前期的陡增性、瞬时性等特点。

3.4.2.4　应力-水浸作用煤样再次压缩载荷-位移关系分析

受循环应力累积损伤后的单轴压缩破碎煤样以及多重应力损伤且水浸劣化作用后再次单轴压缩破碎煤样的载荷-位移曲线，如图 3-32 所示。试验结果可作为实际开采条件和应力环境下的开采空间内的围岩应力监测、变形失稳控制等方面的指导依据，反映不同外部环境下的应力-应变关系。

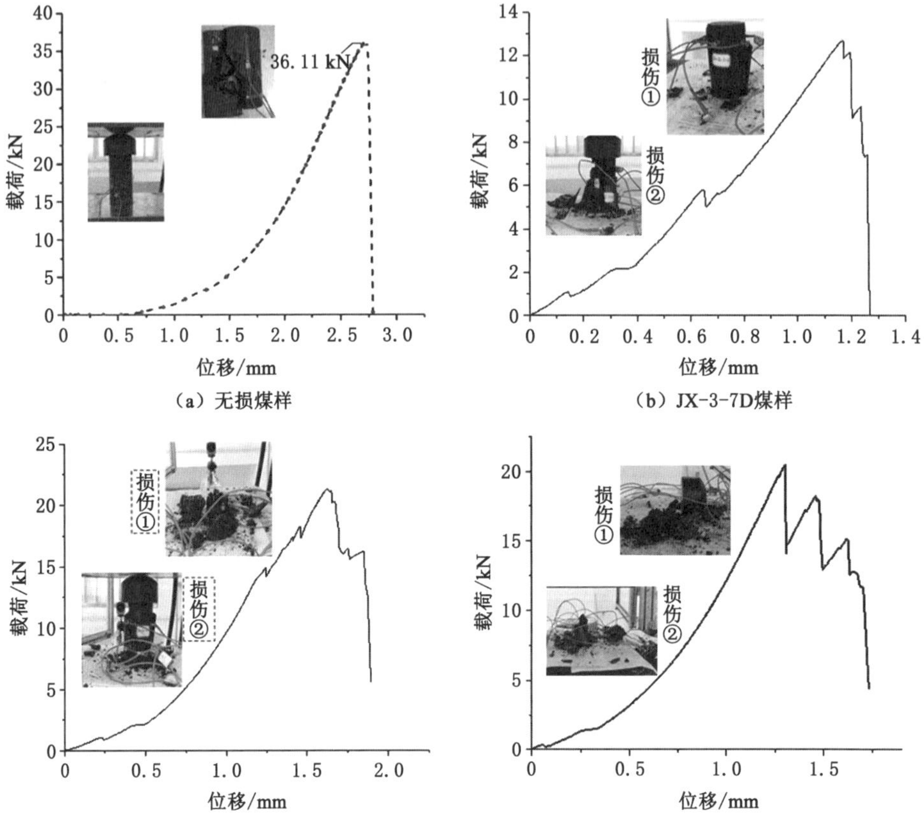

(a) 无损煤样　(b) JX-3-7D煤样
(c) JX-3-14D煤样　(d) JX-3-21D煤样

图 3-32　多重循环加卸载损伤煤样不同浸水周期的载荷-位移曲线

由图 3-32 可知：

(1) 累积应力损伤且水浸劣化作用煤样的再次单轴压缩破碎载荷-位移曲线可依据极限破坏载荷分为峰前区和峰后区；多次应力损伤后煤样随着浸水周期的延伸，出现了峰前区的载荷起伏和峰后区的残余应变延缓特征，相比循环加卸载 3 次条件下浸水 7 d、14 d，浸水 21 d 时峰后载荷波动和应变延伸达到最大。

(2) 累积应力损伤后的水浸劣化作用煤样受力破断过程中具有极限载荷弱

化、密实阶段削减、弹性模量增加、残余变形延伸等特点。

3.4.2.5　应力-水浸作用煤样再次压缩破坏特征

在应力-水浸作用煤样再次压缩破坏期间，记录了各个损伤阶段的煤样裂隙转化历程和破坏失稳的最终状态，对比煤样实物形态说明不同浸水周期内的水体劣化作用的效果，如图 3-33～图 3-35 所示。

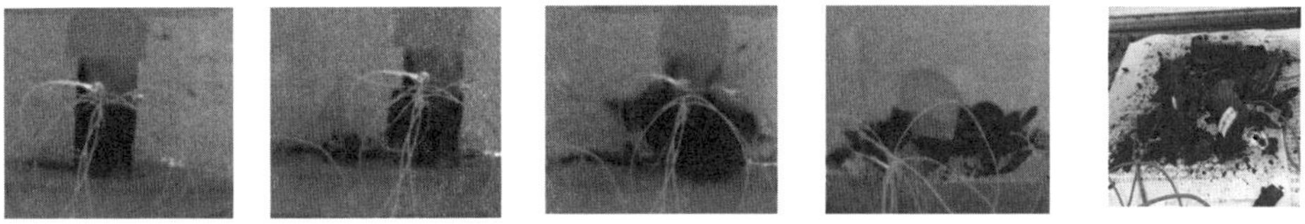

(a) 阶段1　(b) 阶段2　(c) 阶段3　(d) 阶段4　(e) 实物图

图 3-33　循环加卸载累积损伤 3 次浸水 7 d 压缩破坏

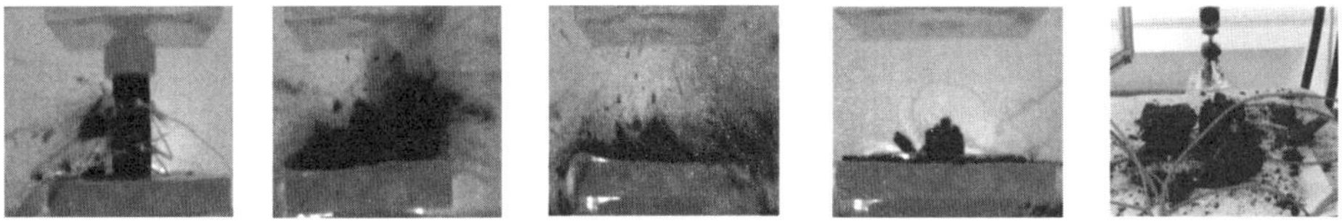

(a) 阶段1　(b) 阶段2　(c) 阶段3　(d) 阶段4　(e) 实物图

图 3-34　循环加卸载累积损伤 3 次浸水 14 d 压缩破坏

(a) 阶段1　(b) 阶段2　(c) 阶段3　(d) 阶段4　(e) 实物图

图 3-35　循环加卸载累积损伤 3 次浸水 21 d 压缩破坏

由图 3-33～图 3-35 可知：

(1) 自身主体裂隙发生剪切滑移并伴随大尺寸块体结构脱落(阶段 2)，载荷累积至最大值煤样破碎形态缓和(阶段 3)，最终垮断至载物台上(阶段 4)。

(2) 循环加卸载 3 次浸水 14 d 和 21 d 煤样压缩破坏期间，随着承受压力的增加，煤样表体先出现小范围的“片帮”(阶段 1)，循环加卸载多次损伤形成切割裂隙并产生大量的煤屑随之崩出(阶段 2)，达到加载峰值时抛出煤屑多、涉及范围广、失稳破断缓和(阶段 3)，破碎厚度煤样有明显的“端部聚集效应”。

3.5 本章小结

(1) 综合 XRD、核磁共振、CT 扫描等手段提出了煤体孔裂隙结构与矿物成分的精确表征重构方法。采用 XRD 矿物成分分析仪获得矿物成分含量,进而精确确定 CT 扫描重构矿物成分阈值范围,测定样品矿物成分的阈值为 18 858;采用核磁共振仪实测煤样孔隙率及孔径分布特征,进而确定 CT 扫描重构孔裂隙的阈值范围,样品矿物成分的阈值为 17 370。

(2) 提出了基于 CT 扫描的煤样浸水前后孔裂隙及矿物成分演化情况量化分析方法,揭示了水浸煤样孔裂隙演化特征及驱动机制。试验获得浸水前后煤样孔径分别为 0.001 2～0.574 2 μm、0.001 4～0.433 7μm。煤样总体孔隙率由浸水前的 20.3%增加到浸水后的 22.6%,矿物成分体积占比则由浸水前的 9.6%降至浸水后的 7.9%。这表明孔隙率的增加主要是由于亲水黏土矿物成分溶于水所致。连通裂隙与整个模型的体积比由浸水前的 19.21%增加到浸水后的 21.29%,孤立孔与整个模型的体积比由浸水前的 1.12%增加到浸水后的 1.28%,表明增加的主要为连通性裂隙。

(3) 煤样浸水后内部小孔径孔隙占比出现增加,孔径小于 0.1 μm 的孔隙增加 2.928%,而孔径大于 0.1 μm 的裂隙则减小了 0.628%。大孔径裂隙占比减小的主要原因是裂隙内黏土矿物成分遇水膨胀和扩散附着。这进一步造成煤样浸泡后内部各截面孔裂隙占比方差由 0.000 6 降至 0.000 2,表明浸泡使得煤样内部孔裂隙分布更加均匀。

(4) 多次循环加卸载过程中,加载和卸载曲线形成的点线交接区域构成塑性滞回环,且随着循环次数的增加,滞回环面积略有增加,主要原因是煤样发生了累积疲劳损伤。循环加卸载 1 次作用后煤样极限破坏载荷的变化幅度较小,而循环加卸载 2 次和 3 次的损伤载荷变化较为明显,循环加卸载 3 次煤样裂隙的发育程度和损伤状况较为显著。

(5) 同一循环加卸载次数前提下,不同浸水周期造成煤样强度呈现出逐步减小的状态。循环加卸载 1 次和 2 次的吸水量增长趋势相同,循环加卸载 3 次时浸水周期在 7～14 d 时的吸水量变化较平稳,浸水周期达到 21 d 时吸水量再次增加。累积加卸载 3 次承载煤样多重浸水周期作用后压缩破坏期间,随应力增加、浸水周期延长,损伤煤样的弹性变形时段逐步减少,塑性劣化时段的载荷波动次数陡增,残余承载效应持续存在。

第 4 章　地下水库多场耦合煤柱坝体稳定性物理模拟研究

煤层采动过程中顶底板岩体破损与裂隙发育演化规律等直接影响了顶底板岩体渗透性能、导水裂隙带与塌落体的渗透系数和储水系数等特征，进而影响了地下水库的设计和建造[93-95]。相似模拟作为研究煤层开采覆岩运移破断的传统方法被广泛应用于煤矿开采相关研究工作中，但目前使用最多的是二维平面模型，且很少在模拟过程中考虑水的影响。本章按大柳塔矿区水文地质条件、煤层开采方式和上覆岩体破坏模式进行试验模型的详细设计和制作。在模型设计和制作中，需要详细模拟各个岩性层（包括煤层、含水层和隔水层）、岩体结构（岩层起伏、断层、大裂隙、局部破碎带等和各种形态大小各异的岩块）。砂岩含水层的裂隙系统是地下水储存和渗透的主要空间和通道；隔水层和弱透水层的闭合裂隙在采动过程中又会张开而导水；垮落带和导水裂隙带使上覆含水层地下水漏失。这些问题均需在模型设计和材料选择中进行反复的论证和比选，既要保证材料的力学性质相似性，又要保证渗透的相似性，即岩块微透水、裂隙主导透水的特征，在上覆岩层冒落后，在采空区形成的碎石和块石堆积体也要具备物理和含水特征上的相似性。因此，模型的设计与制作将是一个极为复杂的难题。

4.1　地下水库物理模拟平台组成

4.1.1　模型试验台设计

试验台框架尺寸（长×宽×高）为 8 000 mm×2 000 mm×4 000 mm，外框架由工字钢和槽钢组成，正面为钢化玻璃，其余三面由整体钢板焊接而成。背面钢板有模拟开挖槽和止水盖板，用于模拟煤层开挖；两侧面钢板有进出水孔及流量控制表，用于研究岩层渗流作用。模型试验台三维效果如图 4-1 所示。

4.1.2　流固耦合相似材料设计

根据研究对象确定原型与模型的相似关系，模型试验的主要关注点是采场

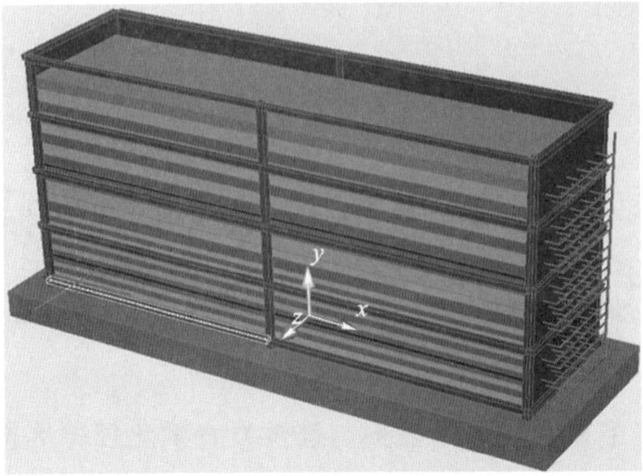

图 4-1　模型试验台三维效果图

和上覆岩层的变形、破坏和渗透性改变，所以相似配比所提供的主要参数指标为容重、抗压强度、渗透系数。

相似材料选择原则为：能使相似材料的强度性能和变形性能与岩石相似；力学性能稳定，不易受外界条件的影响；改变材料的配比，可使材料的力学性质变动较大；模型制作方便，凝固时间短；成本低，来源丰富。

相似材料的组成包括骨料和胶结物两部分。骨料由中砂(粒径<2 mm)、重晶石粉(粒径<2 mm)、滑石粉(200 目)组成，胶结物由水泥(P・O32.5)、凡士林、硅油组成，如图 4-2 所示。试验器材和仪器如图 4-3 所示，包括电子秤、搅拌机、振动台、烘箱、浇筑模具、压力试验机、抗渗仪等。

图 4-2　试验材料

相似材料的强度取决于胶结物的强度，而胶结物的强度取决于骨料和胶结物的比例及胶结物成分的比例，即材料配比，所以在模型试验之前，进行了大量的相似材料配比工作，对每一种材料的配比进行了力学性质的测定，见表 4-1～

（a）搅拌机　（b）振动台　（c）抗渗仪

（d）浇筑模具　（e）电子秤　（f）压力试验机　（g）烘箱

图 4-3　试验器材和仪器

表 4-4，不同龄期抗压强度变化曲线如图 4-4 所示。由图 4-4 可以看出，相似材料的强度随着养护时间的增加而逐渐增强。

表 4-1　容重随配比变化一览表

编号	中砂	重晶石粉	滑石粉	凡士林	硅油	水泥	水	容重/(kN/m³)
PB1206-1	1.000	0.750	0.120	0.100	0.033	0.130	0.228	21.66
PB1206-2	0.750	0.750	0.120	0.100	0.033	0.130	0.228	21.78
PB1206-3	0.750	1.000	0.120	0.100	0.033	0.130	0.228	22.48
PB1213-1	0.750	0.750	0.150	0.100	0.060	0.065	0.130	22.88
PB1213-2	0.700	0.800	0.150	0.100	0.075	0.065	0.130	23.29
PB1213-3	0.650	0.900	0.150	0.075	0.080	0.065	0.130	23.72

表 4-2　抗压强度随时间变化一览表　　单位：MPa

编号	3 d	7 d	14 d	28 d
PB1114-1	0.610	0.660	0.970	1.215
	50%	54%	80%	100%

表 4-2(续)

编号	3 d	7 d	14 d	28 d
PB1114-2	0.520	0.620	0.830	1.259
	41%	49%	66%	100%
PB1115-1	0.770	1.040	1.230	1.526
	50%	68%	81%	100%
PB1115-2	0.330	0.640	0.750	0.805
	41%	80%	93%	100%
PB1121-1	0.180	0.214	0.236	0.360
	50%	59%	66%	100%
PB1121-3	0.420	0.61	0.686	0.792
	53%	78%	87%	100%
PB1122-1	0.500	0.871	1.001	1.296
	39%	67%	77%	100%
PB1122-2	0.210	0.319	0.312	0.400
	53%	80%	78%	100%

表 4-3　渗透系数随凡硅比变化一览表

编号	中砂	重晶石粉	滑石粉	凡士林	硅油	水泥	水	凡硅比	渗透系数/(cm/s)
PB1218	0.750	0.750	0.150	0.113	0.038	0.065	0.130	3	2.47×10^{-6}
PB1219	0.750	0.750	0.150	0.100	0.050	0.065	0.130	2	1.98×10^{-6}
PB1220	0.750	0.750	0.150	0.075	0.075	0.065	0.130	1	7.80×10^{-7}

表 4-4　抗压强度随凡硅比变化一览表

编号	中砂	重晶石粉	滑石粉	凡士林	硅油	水泥	水	凡硅比	抗压强度/MPa
PB1218	0.750	0.750	0.150	0.113	0.038	0.065	0.130	3	0.696
PB1219	0.750	0.750	0.150	0.100	0.050	0.065	0.130	2	0.547
PB1220	0.750	0.750	0.150	0.075	0.075	0.065	0.130	1	0.435

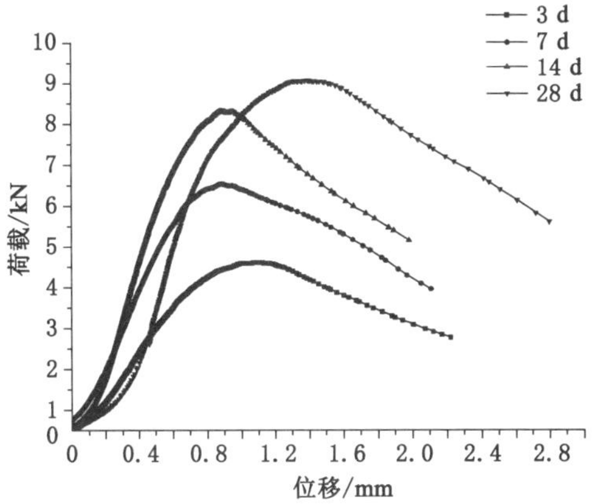

图 4-4　不同龄期抗压强度变化曲线

4.1.3　监测系统

4.1.3.1　监测系统组成

试验监测系统主要由拉线式位移计、微型土压力计、渗压计、振弦式土压力计、数据采集器、信号放大器、3D 激光扫描仪、全站仪、数据采集控制柜等组成，如图 4-5 所示。

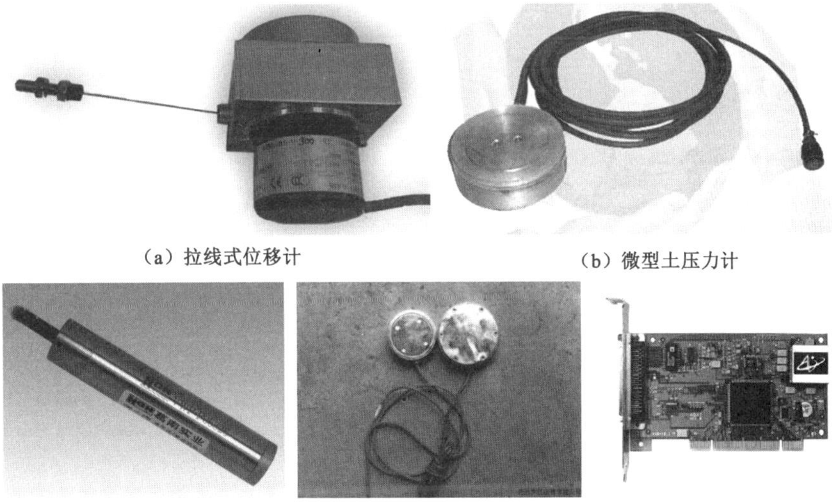

(a) 拉线式位移计　(b) 微型土压力计

(c) 渗压计　(d) 振弦式土压力计　(e) 数据采集器

图 4-5　监测系统组成示意图

(f) 信号放大器

(g) 3D激光扫描仪

(h) 全站仪

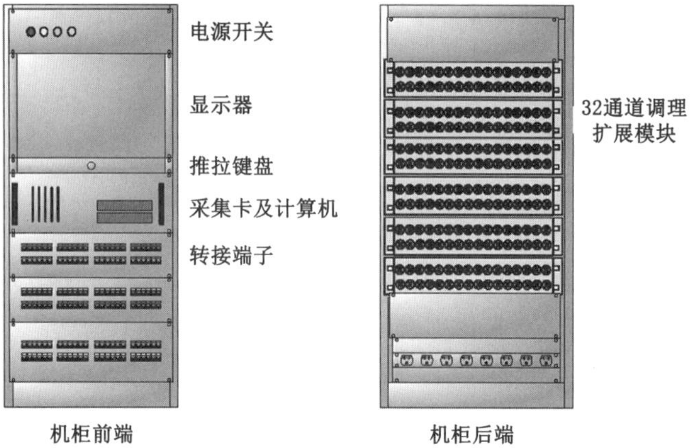

(i) 数据采集控制柜

图 4-5(续)

4.1.3.2 监测系统布设

为了测量煤层开采过程中各岩层的应力、变形及含水岩层水压变化情况，在水平方向选择七个水平剖面设置拉线式位移传感器；在含水岩层中设置渗压计，测量岩层内渗透水压力；在开采煤层煤柱内及开采煤层下方岩层中布置压力传感器，通过数据采集处理系统反馈至控制终端，得到全过程实时变化曲线；在模型正立面均匀布设控制点，应用网格法用全站仪和 3D 激光扫描仪采取测点位移，同时全程采用数码设备进行拍照、摄像。监测系统剖面布置示意图如图 4-6 所示。

4.1.4 专项模型试验系统

为使模型试验顺利进行，特制作了专项模型试验台。平台框架尺寸(长×宽×高)为1 500 mm×600 mm×800 mm，外框架由槽钢组成，正面和背面为钢

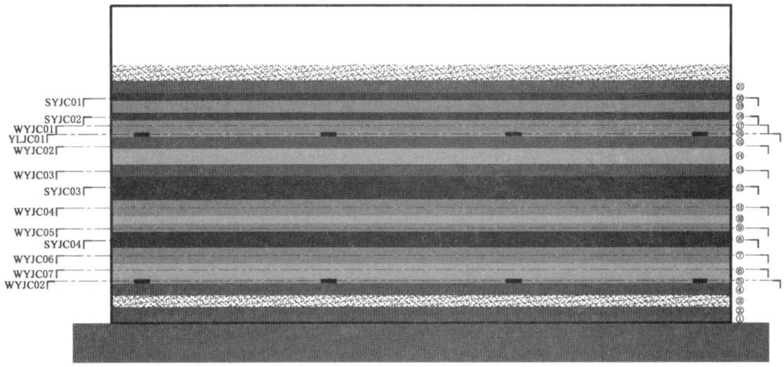

图 4-6　监测系统剖面布置示意图

化玻璃，两侧面由钢板焊接而成。背面玻璃板有模拟开挖槽和止水盖板，用于模拟煤层开挖；两侧面钢板有进出水孔及流量控制表，两端还配备了变频供水系统，用于研究岩层渗流作用。模型还配备了液压加载系统，用于给模型加载；配备数据采集系统，用于数据采集、处理。专项模型试验系统如图 4-7 所示。

图 4-7　专项模型试验系统

4.2　多场耦合物理模拟试验

4.2.1　试验方案设计

根据大柳塔矿区水文地质条件、煤层开采方式，采用相似材料模拟各岩层的物理力学特征及渗流特性，通过预先埋设的位移传感器、渗压计和压力传感器，获取煤层采动过程中上覆岩层位移场、渗流场和压力场的分布特征及演化规律。

相似模型及监测方案示意图见图 4-8，煤岩层强度和渗透性指标见表 4-5，试验模型长 8 m、宽 2 m、高 3.5 m。

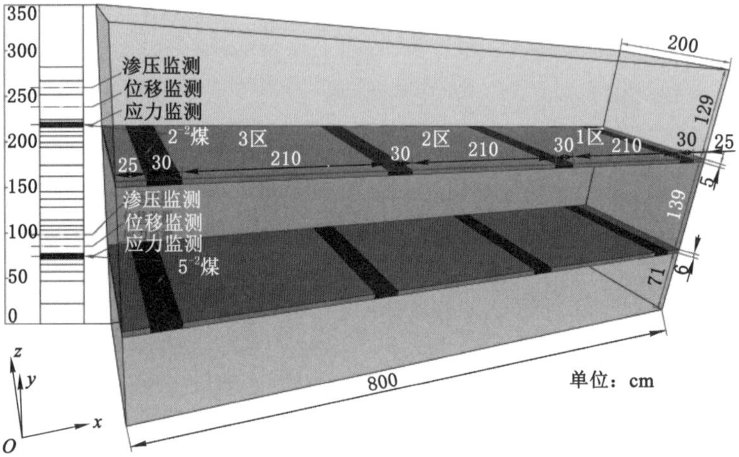

图 4-8　相似模型及监测方案示意图

表 4-5　主要岩层物理特性参数

岩性特征	厚度/m	渗透系数/(m/d)	强度/MPa	备注
松散层	68	＞0.040 0	—	透水层
粉砂岩	15	0.004 0	40.86	弱透水层
泥岩	15	0.000 2	25.22	隔水层
细砂-粉砂岩	28	0.004 0	5.26	基本顶
泥岩	3	0.000 2	25.22	隔水层
2^{-2}煤	5	0.000 1	20.07	地下水库
泥岩	5	0.000 2	34.22	隔水层
细砂-粉砂岩	12	0.004 0	5.26	透水层
泥岩	5	0.000 2	34.22	隔水层

4.2.2　相似参数的确定

模拟工作面宽度为 240 m，煤柱宽度为 30 m。按相似比，模型中工作面长 $L=2\ 400$ mm，煤柱宽度 $b=300$ mm，2^{-2}煤层高度为 50 mm，5^{-2}煤层高度为 60 mm。长度、强度与时间比见式(4-1)～式(4-6)：

1. 长度比

$$\alpha_L = \frac{L_H}{L_M} = 100 \tag{4-1}$$

2. 岩石强度比

$$\frac{\sigma_H}{\sigma_M} = \frac{\gamma_H}{\gamma_M}\alpha_L = 100 \tag{4-2}$$

3. 时间比

$$\alpha_t = \frac{t_H}{t_M} = \sqrt{\alpha_L} = \sqrt{100} = 10 \tag{4-3}$$

根据上面确定的参数可求模型上相应的量如下：

$$L_M = \frac{L_H}{100} = 0.01L_H \tag{4-4}$$

$$\sigma_M = \frac{\sigma_H}{100} = 0.01\sigma_H \tag{4-5}$$

$$t_M = \frac{t_H}{\sqrt{100}} = \frac{t_H}{10} = 0.1t_H \tag{4-6}$$

4.2.3　试验模型制作

选用细中砂(粒径<2 mm)、重晶石粉(粒径<2 mm)和滑石粉(200 目)作为相似材料的骨料，选用水泥(P·O32.5)、凡士林和硅油作为胶结剂，通过大量配比试验，确定材料配比参数(容重、吸水率、抗压强度、渗透参数等)。相似材料配比试验如图 4-9 所示。

(a) 力学参数测试　　(b) 渗透率测试

图 4-9　相似材料配比试验

试验模型架架设完成后，根据模拟岩层的物理参数、渗透性特征进行相似材料配置，根据每层浇筑厚度在模型内部进行测量放线和模板架设，将配置好的相似材料均匀倒入模型架，然后耙平、振捣压实，压实程度要符合所需的视密度的要求。相似材料铺筑时应分层装填，层间用云母粉隔离，装料前必须计算好每层的质量及分配比例，模型制作流程如图 4-10 所示。

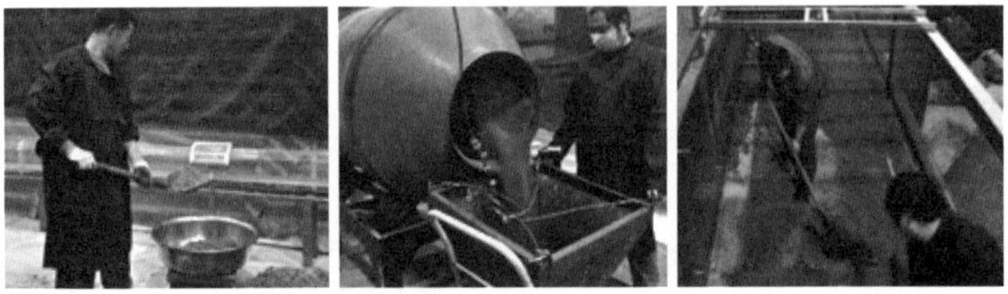

(a) 称料　　(b) 搅拌　　(c) 铺料

(d) 夯实　　(e) 找平　　(f) 埋设渗压计

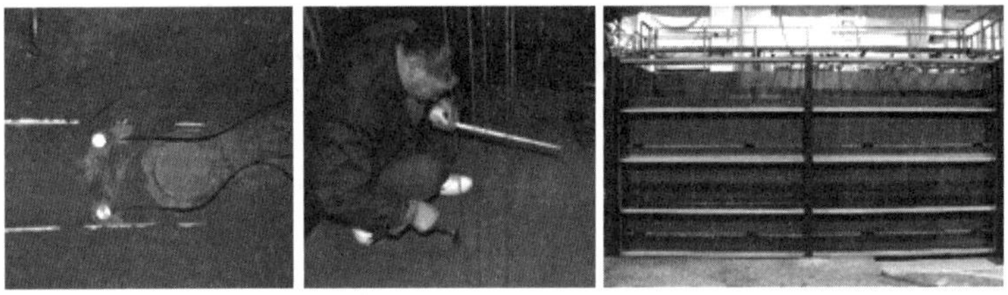

(g) 埋设土压计　　(h) 埋设位移计　　(i) 铺设完成

图 4-10　相似材料流固耦合模型制作流程

严格控制每层浇筑厚度及平整度，找平后按要求预制裂隙并根据设计方案在含水岩层设置渗压计，在关键岩层设置位移传感器，在煤层煤柱内设置压力传感器，并在模型正立面均匀布置位移观测控制点。模型架两侧面设置有供排水孔、流量控制表和变频供水系统。通过数据采集处理系统将传感器信号实时反馈至控制终端，得到试验全过程渗压、位移、应力实时动态曲线，数据采集流程如图 4-11 所示。

为了防止含水层中水从模板处渗漏，在含水层人工裂隙四周用速凝防水堵漏材料砌筑防水圈。防水圈平面呈封闭状态，厚度不小于 2 cm。

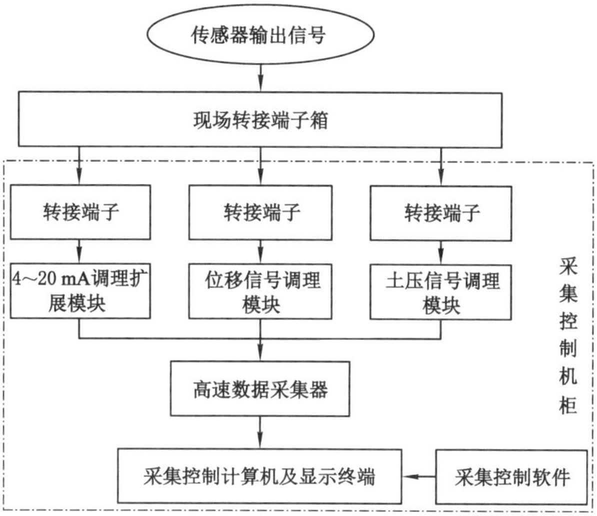

图 4-11　数据采集流程图

4.2.4　试验模型开挖及数据采集

模拟 2^{-2}煤层工作面采动过程中顶板垮落、裂隙发育过程，监测逐步开挖时上覆岩层垮落、裂隙发育以及地下水渗流过程，研究不同开采条件(一次性采空和逐步采空)、工作面布局、开采参数、地质条件与采空区面积、采空区垮落岩石孔隙率的关系等关键问题。

4.3　煤柱坝体损伤破坏模拟结果

4.3.1　位移变化规律

测点 LY71 位于煤柱正上方，测点 LY74 和 LY77 分别位于开挖区 1 区和 2 区的中间正上方，1 区开挖自右向左后，位移测点具体布置如图 4-12 所示。

1 区开挖后，LY71 测点至 LY75 测点均开始下沉，开挖 150 min 后，LY72 测点至 LY75 测点出现下沉量激增现象，其中 LY72 测点至 LY74 测点下沉量大于 25 mm，LY75 测点下沉量约为 10 mm，之后各测点位移虽有波动，但总体表现出稳定趋势。1 区开挖后测点位移曲线如图 4-13 所示。

1 区覆岩运移稳定后进行 2 区开挖，如图 4-14 所示，LY76 测点至 LY78 测点均在开挖 200 min 后出现突降下沉现象，其中 LY76 测点、LY77 测点下

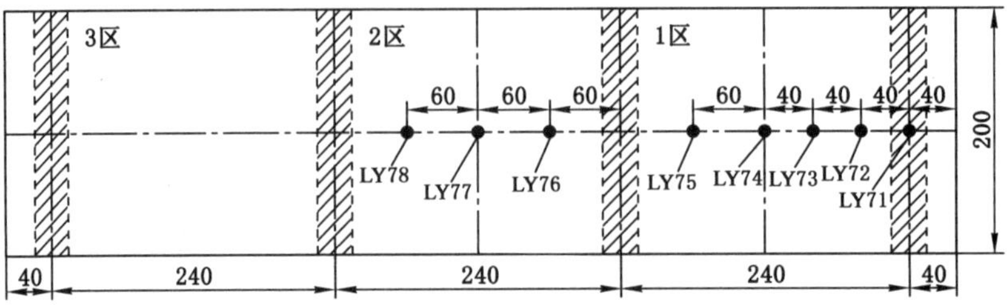

图 4-12　位移监测方案平面布置图

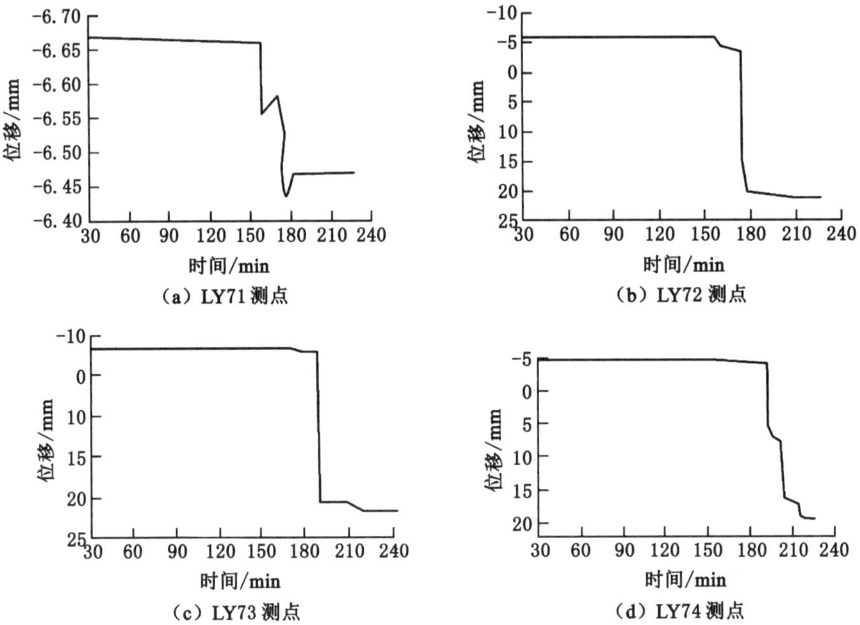

图 4-13　1 区开挖后测点位移曲线

沉量在 25 mm 以上，LY78 测点下沉量为 30 mm 左右，随后各测点位移逐渐平衡。

煤层开挖后，顶板首先开始弯曲下沉，故各测点在开挖后立即表现出下沉趋势；当岩层内裂隙扩展演化到一定程度后，岩层整体强度降低，难以维持自身的稳定，开始垮冒，在位移变化规律上表现为 LY72 测点至 LY74 测点及 LY76 测点、LY77 测点开挖一段时间后垂向位移呈现断崖式下降；上覆岩层持续弯曲、垮冒直至顶板垮落体充满采空区，覆岩运移基本稳定，顶板下沉量逐渐平衡。受实体煤壁和煤柱的侧向支撑作用影响，采区两侧顶板多出现回转下沉，因此

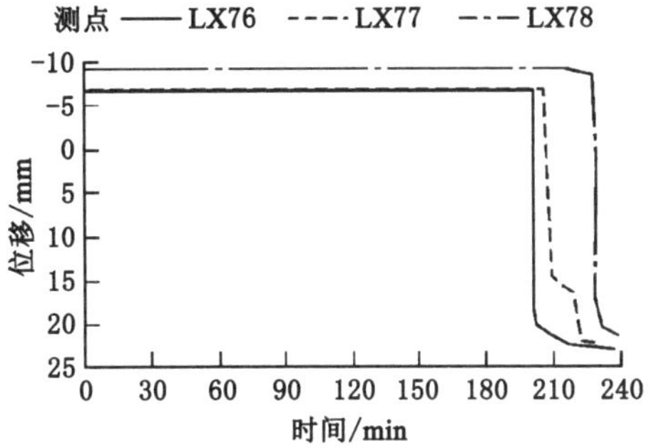

图 4-14　2 区开挖后位移变化规律

LY75 测点下沉量较小。

4.3.2　应力变化规律

1# 煤柱右侧和 4# 煤柱左侧为采空区，为监测开挖过程中煤柱受力情况，共布设了 22 组应力计，本书仅选取部分可反映煤柱受力情况的有效数据进行分析。煤柱应力监测方案平面布置如图 4-15 所示。

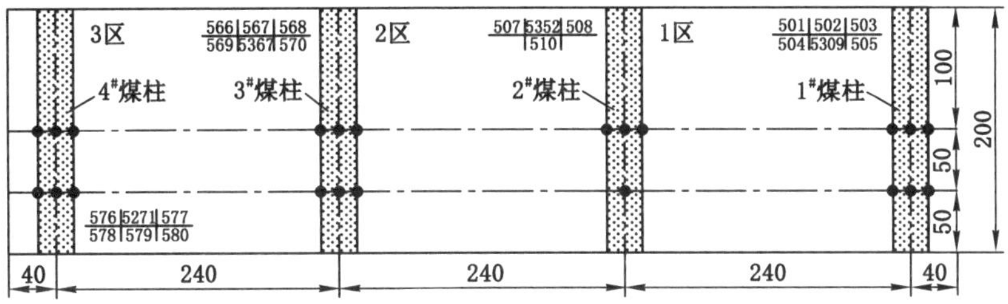

图 4-15　煤柱应力监测方案平面布置图

如图 4-16 所示，1 区开挖过程中，508 测点和 510 测点应力总体呈上升趋势，最高应力可达初始应力的 114％和 105％，应力达到最高峰后，出现波动，之后逐渐平稳。

煤柱应力逐渐稳定后进行 2 区开挖，如图 4-17 所示，508 测点和 510 测点应力出现台阶上升现象，应力最大上升到初始应力的 125％和 110％，随后应力在缓慢下沉之后突降；566 测点和 569 测点应力先平稳上升至初始应力的 104％和 102％，而后急剧增加至初始应力的 118％和 105％。

2^{-2} 煤层 3 区开挖后，566 测点和 569 测点应力开始升高，如图 4-18 所示，应力达到最大值时分别为初始应力的 125％和 105％，经短暂平衡后应力开始下降

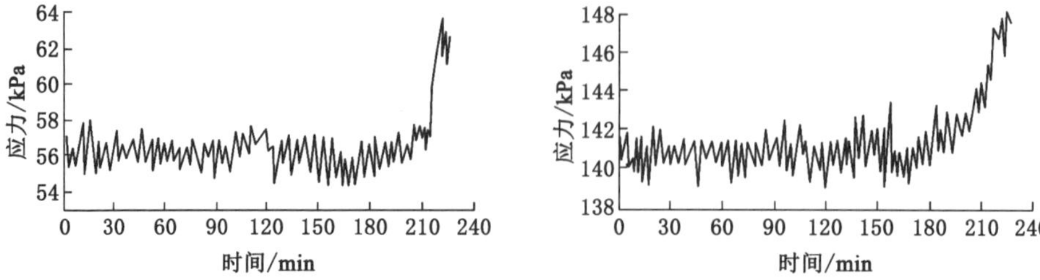

(a) 508测点　　(b) 510测点

图 4-16　1 区开挖后 2# 煤柱应力变化规律

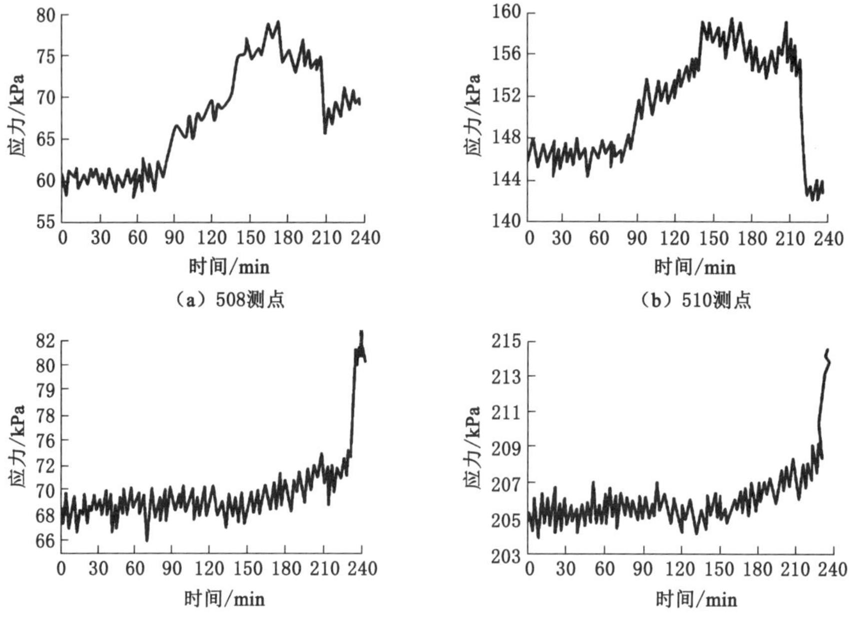

(a) 508测点　　(b) 510测点

(c) 566测点　　(d) 569测点

图 4-17　2 区开挖后 3# 煤柱应力变化规律

至初始应力的 73%和 94%。

煤层开采时，采空区顶板悬露，岩层重力转移至实体煤和煤柱，随裂隙发育岩层开始破断，在煤柱临空侧顶板形成倒台阶结构，如图 4-19 所示，切断了煤柱上覆岩层与采空区顶板的应力传递，此时煤柱额外承载的应力为倒台阶结构体应力，煤柱应力表现为先上升而后稳定的变化规律。

煤柱实体煤侧开挖后，新形成的采空区顶板岩层载荷转移至煤柱和下一实

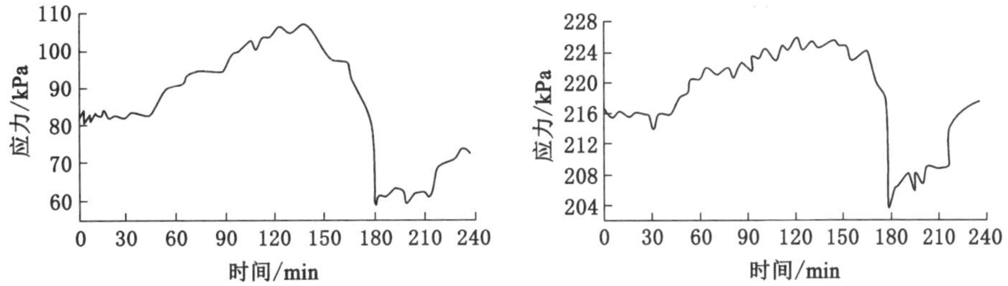

（a）568测点　　（b）569测点

图 4-18　3 区开挖后 3# 煤柱应力变化规律

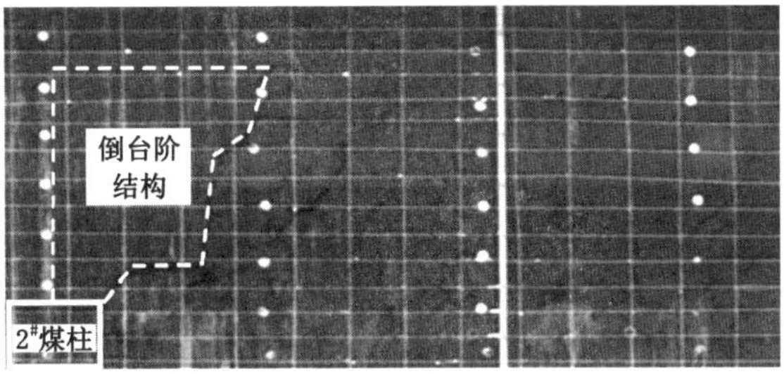

图 4-19　开挖后覆岩破断示意图

体煤侧，此时煤柱承受倒台阶结构体和悬露顶板的共同载荷，覆岩破断运移稳定后在煤柱两侧顶板均形成倒台阶结构，煤柱应力先增大后减小的变化规律表征了覆岩破断运动的动态过程。

4.3.3　渗压变化规律

如图 4-20 所示，在模型 2^{-2} 煤层上方的细砂-粉砂岩（渗透系数为 0.004 m/d，含水层）中布置 14 组渗压计，该层上下均为泥岩（渗透系数为 0.000 2 m/d，隔水层），含水层两侧为中砂过滤层，用以模拟开挖后含水层渗压变化规律。进行开挖试验前，打开供排水系统，对含水层进行水量补给。

SY31 测点和 SY32 测点距水量补给口较近，受水量补给影响较大，渗压出现突跳上升现象，如图 4-21 所示，1 区开挖后，各测点渗压均有不同程度的下降，但 SY31 测点和 SY32 测点受上方含水层和中砂过滤层含水影响，渗压出现回涨，失去补水作用后，渗压开始下降。

如图 4-22 所示，岩层破断运移稳定的过程中，含水层渗压虽有波动但总体趋势平稳，随着 2 区的开挖，SY38 测点至 SY40 测点渗压均大幅度下降，因 1 区开挖后已将上方隔水层导通，故 2 区开挖后各测点渗压均发生过回涨

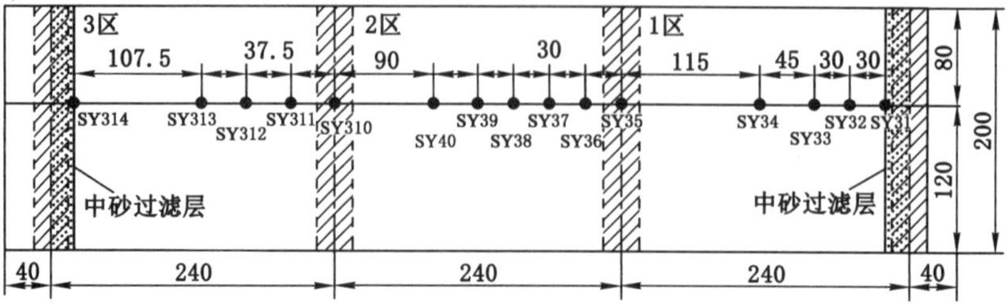

图 4-20 渗压监测方案平面布置图

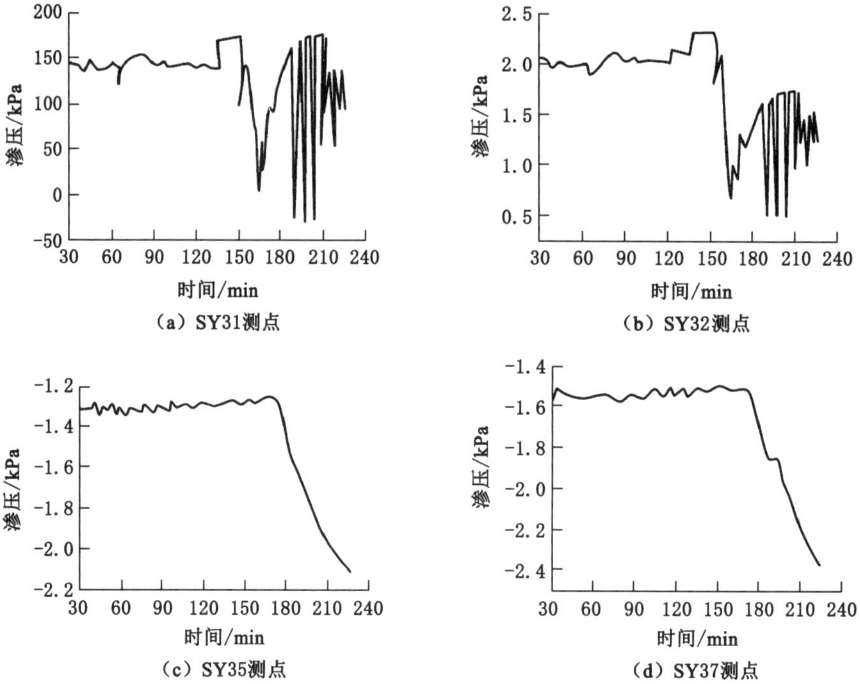

图 4-21 1 区开挖后含水层渗压变化规律

现象。

煤层开挖后，采空区上覆岩层先后经历了“弯曲下沉—裂隙发育—破断垮落”的动态演化过程，且裂隙发育至含水层上方隔水层，实体煤侧同样受采动影响出现大量裂隙，但裂隙发育程度较低，未及上方含水层，形成的导水通道较少，因此各测点渗压均有所降低，但位于实体煤上方的各测点渗压下降速率较为缓和。

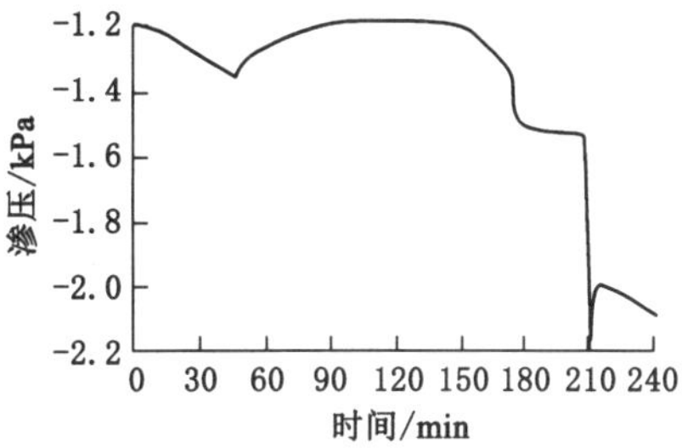

(a) SY38测点

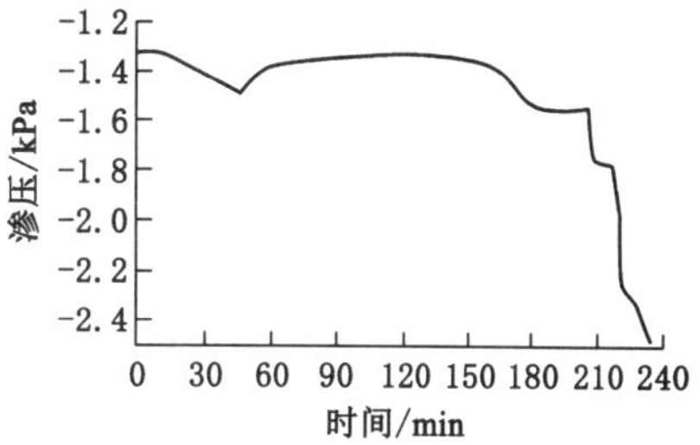

(b) SY39测点

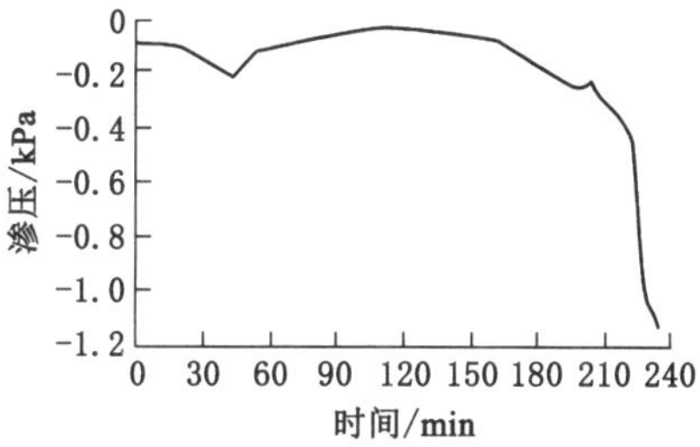

(c) SY40测点

图 4-22　2 区开挖后含水层渗压变化规律

4.3.4 岩层位移与裂隙水压变化关系

如图 4-23 所示，在 1 区和 2 区开挖后，上覆岩层裂隙发育，形成大量导水通道，造成含水层渗压降低，因岩层大面积垮落滞后于导水裂隙带形成，故含水层渗压突变总是先于岩层突降下沉发生。

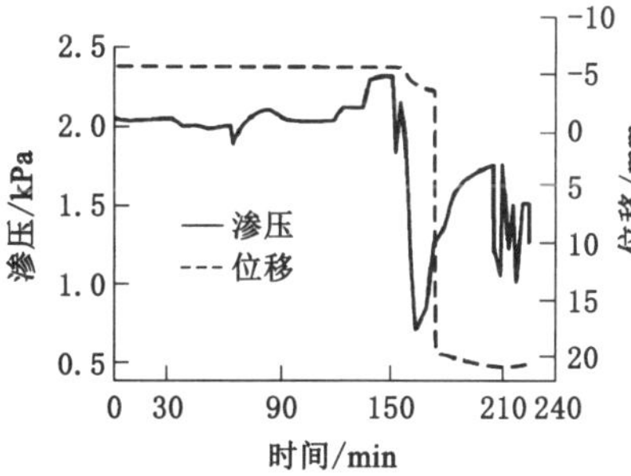

(a) SY32渗压、LX72位移

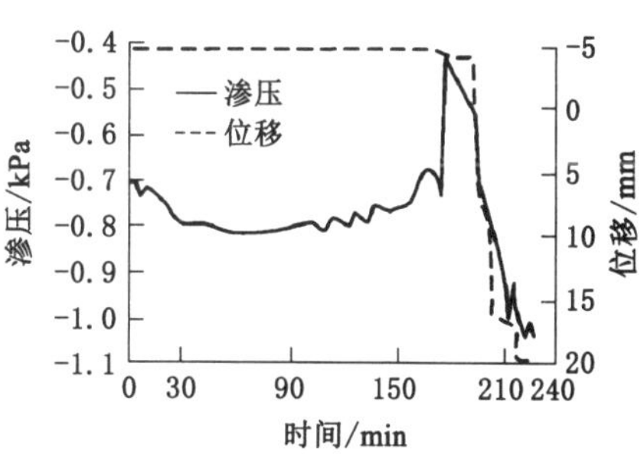

(b) SY34渗压、LX74位移

图 4-23　岩层位移与裂隙水压变化规律

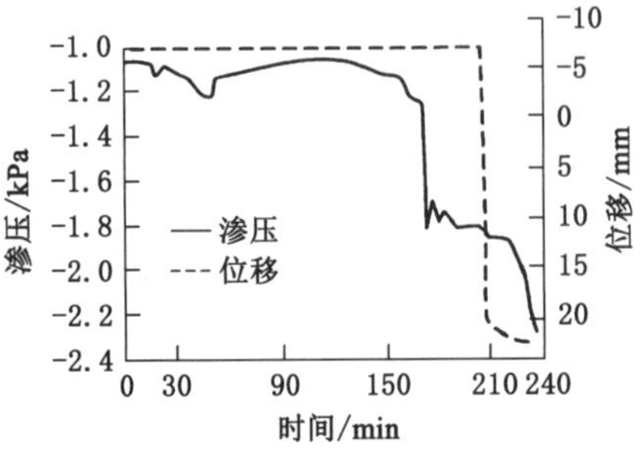

(c) SY36渗压、LX76位移

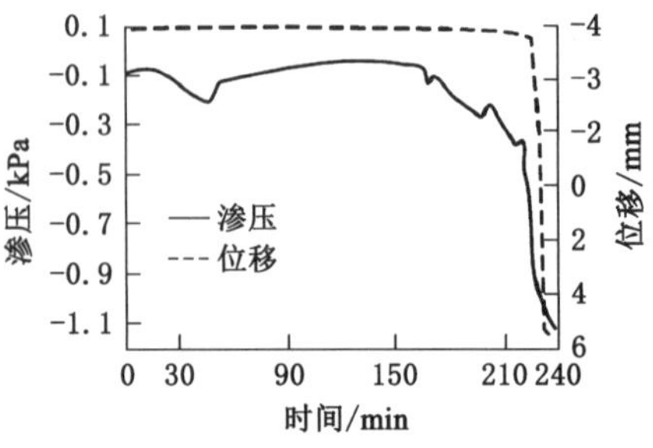

(d) SY310渗压、LX78位移

图 4-23(续)

4.4 本章小结

(1) 设计了煤矿地下水库流固耦合相似模拟平台，模型最大尺寸(长×宽×高)为8 000 mm×2 000 mm×4 000 mm。流固耦合相似模拟骨料由中砂(粒径<2 mm)、重晶石粉(粒径<2 mm)、滑石粉(200 目)组成；胶结物由水泥(P·O32.5)、凡士林、硅油组成。试验监测系统主要由拉线式位移计、微型土压力计、渗压计、振弦式土压力计、数据采集器、信号放大器、3D 激光扫描仪、全站仪、数据采集控制柜等组成，可以实现流固耦合相似模拟位移、应力、渗透率等参数的监测。

(2) 结合典型浅埋煤层地下水库地质生产条件，通过大量配比试验确定了相似材料配比，采用相似材料流固耦合模拟试验方法建立了浅埋煤层地下水库流固耦合大尺寸立体模型。在工作面推进导致顶板破断运移过程中，顶板悬露后破断，在实体煤临空侧形成倒台阶结构，煤柱应力呈现“先增大后降低”的演化特征。

(3) 导水裂隙越多则岩层渗压下降速率越大，而岩层裂隙发育程度决定了形成的导水裂隙的数量；岩层渗压下降速率与裂隙发育程度呈正相关关系，表明可通过岩层渗压下降速率表征岩层裂隙发育程度。煤层开挖后，顶板岩层先后经历“弯曲下沉—裂隙发育—破断垮落”的动态演化过程，岩层大面积垮落滞后于导水裂隙形成，可将顶板渗压突降作为顶板来压垮冒的预兆之一。

第 5 章　动静载作用煤柱坝体损伤演化规律

工作面回采后，岩层破断垮落、应力重新分布，煤柱坝体所处的应力环境由单一应力状态转变为上覆岩柱压应力、采场支承压力、破断顶板侧向压应力、矿山微震等动载荷叠加的复杂应力状态[96-98]。为研究工作面采动导致的动静组合加载作用对煤柱坝体的影响，本章选取补连塔矿 1# 水库，即 2^{-2} 煤三盘区的 22301～22305 工作面为研究对象，选取合理的地质条件，结合现场实际回采巷道布置、工作面开采参数，采用 $FLAC^{3D}$ 三维有限差分仿真计算软件建立数值计算模型，按照单一变量原则，系统研究工作面及巷道接续过程中煤柱应力变化特征、动态应力作用下煤柱损伤演化特征、矿井微震等动载作用下的煤柱坝体动力响应机制。

5.1　采动作用下煤柱坝体应力变化规律

5.1.1　数值计算模型的建立

根据补连塔矿 1# 水库，即 2^{-2} 煤三盘区的 22301～22305 工作面典型地质、布置及回采条件建立 $FLAC^{3D}$ 数值计算模型，如图 5-1 所示。

模型采用直角坐标系，选取 xOy 平面为模型水准面，选取 Oz 轴方向为铅直方向，向上为正。以工作面倾向长度方向为 x 轴，以工作面推进方向为 y 轴。在模型四周留设 80 m 边界区域以减轻边界效应对模型的影响，综合考虑计算的便利性，确定模型在 Ox 方向取 1 870 m，在 Oy 方向取 680 m，在 Oz 方向取 180 m，根据现场实际岩性条件，将模型划分为 12 种不同的材料类型(煤岩物理力学参数见表 5-1)，同时在保证计算精度的前提下，为了提高运算速度，根据实际需要将各材料类型划分为不同的单元尺寸，并在需要重点研究的区域采用 densify 命令进行网格加密，提高计算精度。模型共划分为 1 095 114 个块体，共有 1 422 695 个节点。模型中不同材料属性的交界面采用 attach face 命令进行连接，保证模型中数据的连续性。

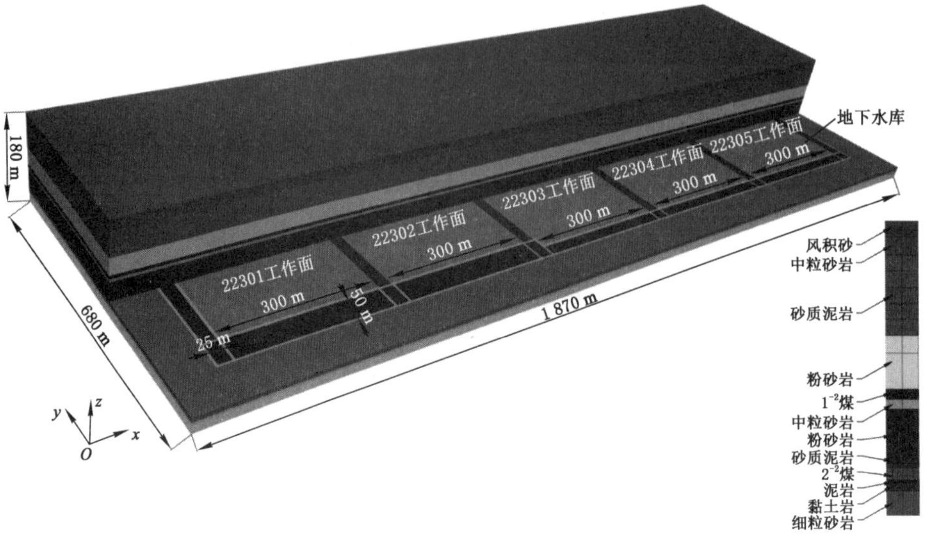

图 5-1　数值计算模型

表 5-1　煤岩物理力学参数

岩性	层厚/m	累厚/m	容重/(kN/m³)	弹性模量 E/GPa	抗压强度 σ_t/MPa	泊松比 μ
风积砂	10	10	15.8	—	—	—
中粒砂岩	11	21	23.9	33.00	45.3	0.25
砂质泥岩	49	70	22.4	23.00	22.8	0.28
粉砂岩	33	103	23.5	35.00	40.6	0.25
1^{-2}煤	6	109	14.8	15.00	6.6	0.35
中粒砂岩	6	115	23.9	33.00	45.3	0.25
粉砂岩	30	145	23.5	35.00	40.6	0.25
砂质泥岩	6	151	22.4	23.00	22.8	0.28
2^{-2}煤	7	158	15.1	13.66	6.6	0.22
泥岩	2	160	22.3	20.00	20.7	0.30
黏土岩	5	165	20.4	35.00	19.6	0.28
细粒砂岩	15	180	23.4	13.00	6.6	0.22

根据建立的模型和现场实际条件确定模型边界条件，采用 fix 命令控制模型边界速度，其中 Ox 方向和 Oy 方向限制水平方向位移，模型底部限制竖直方向位移。

5.1.2　采场支承压力分布及传播理论分析

采用自然垮落法管理的采空区顶板产生大范围的破断、弯曲，采空区上方大范围岩层受采动影响发生弯曲下沉，采空区垮落矸石具备一定的承载能力，但上覆岩层岩重力主要转移至承载能力较强的采空工作面前、后方及两侧实体煤壁，使得工作面前方及两侧煤体应力重新分布，随着工作面的不断推进，整个工作面的开采跨度不断增大，上覆岩层不断下沉。竖直应力在工作面四周矿层内形成的竖直应力集中区随着采空区范围的增大呈动态变化。

根据弹塑性力学理论，在采场四周塑性区内支承压力可表示为：

$$S(d)=\tau_0\cot\varphi\frac{1+\sin\varphi}{1-\sin\varphi}e^{\frac{2fd}{M}\left(\frac{1+\sin\varphi}{1-\sin\varphi}\right)} \tag{5-1}$$

式中　f——煤层与岩层间摩擦系数；

φ——煤的内摩擦角；

d——塑性区内任意一点到煤壁的距离；

M——煤层厚度；

$\tau_0\cot\varphi$——煤体自撑力，即煤体本身具有一定强度，可以承担的全部或部分载荷。

支承压力峰值点处 $S(d_0)=\gamma HK$，则峰值点距煤壁的距离 d_0 可表示为：

$$d_0=\frac{M}{2f}\cdot\frac{1+\sin\varphi}{1-\sin\varphi}\ln\left(\frac{K\gamma H}{\tau_0\cot\varphi}\cdot\frac{1-\sin\varphi}{1+\sin\varphi}\right) \tag{5-2}$$

式中　K——应力集中系数；

H——煤层埋藏深度；

γ——上覆岩层平均容重。

由式(5-1)和式(5-2)可知，在采场塑性区内，支承压力随距煤壁距离 d 的增加呈指数函数式增长，直至增加至支承压力峰值 $K\gamma H$。

对于弹性区内支承压力的分布，可表示为：

$$S(d)=K\gamma H\,e^{\frac{2f}{M\beta}(x_0-x)} \tag{5-3}$$

式中　β——应力侧压系数。

因为支承压力随着深入煤壁内部距离的增加而逐渐趋向于 γH，则弹性区范围 d_1 可近似表示为：

$$d_1=\frac{M\beta}{2f}\ln K-d_0 \tag{5-4}$$

即采场支承压力弹性区的分布范围与煤厚呈正相关关系，支承压力随距煤壁距离 d 的增加呈负指数函数关系递减至原岩应力 γH。

根据以上结论，在总结目前学者研究成果的基础上，可得工作面超前及两侧煤体支承压力分布，如图5-2所示。

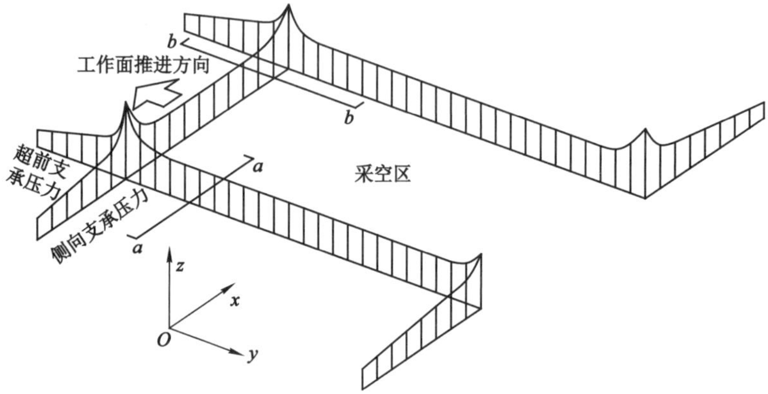

图5-2 工作面超前及两侧煤体支承压力分布图

图5-2中X—X轴剖面（a—a剖面）平行于工作面布置，此平面可表征工作面侧向支承压力分布规律，进而分析回采巷道间隔煤柱中应力分布特征。a—a剖面煤柱支承压力分布如图5-3所示。

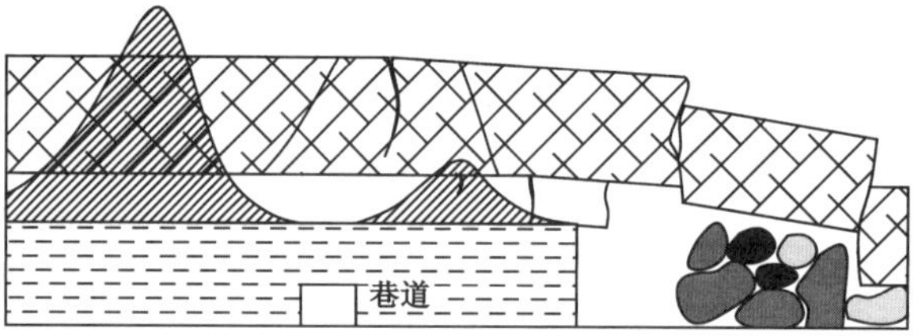

图5-3 采场侧向支承压力分布规律（a—a剖面）

图5-2中Y—Y轴剖面（b—b剖面）平行于工作面推进方向布置，此平面可表征工作面超前支承压力分布规律。b—b剖面工作面超前支承压力分布如图5-4所示。

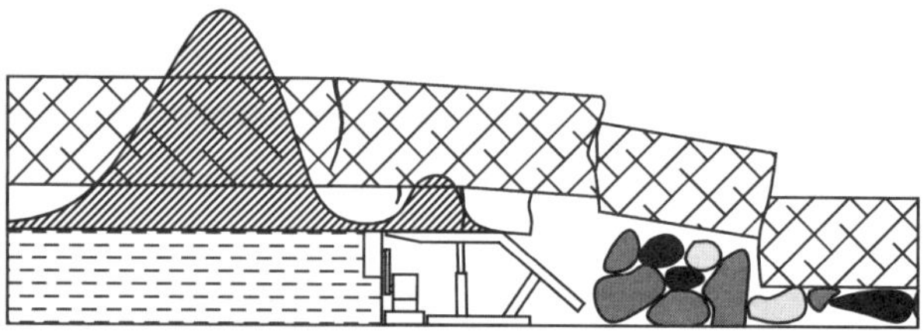

图5-4 采场超前支承压力分布规律（b—b剖面）

由图 5-3、图 5-4 可知，除去工作面液压支架的影响，在 $a—a$ 剖面和 $b—b$ 剖面内，可近似将采场支承压力分布认为是一个与距煤壁距离 d 有关的函数，即 $S(d)$，相对应的应力集中系数为 $K(d)$，则对于某一点竖向应力可表示为：

$$S(d_0) = \gamma HK(d_0) \tag{5-5}$$

式中　$S(d_0)$ ——煤壁内部 d_0 处竖向应力状态；

γ——上覆岩层平均容重；

H——上覆岩层厚度；

$K(d_0)$——煤壁内部 d_0 处应力集中系数。

由式(5-5)可知，平面内支承压力在煤壁内的分布可简化为仅受应力集中系数 K 影响的一维函数，且应力集中系数在平面内的分布仅与距煤壁的距离 d 有关，则支承压力及应力集中系数在煤壁内的传播特征可表示为如图 5-5 所示。采场支承压力影响的范围是有限的，当距工作面的距离较远时，煤体不受采场支承压力的影响，其附近区域竖向应力仍为原岩应力 γH。

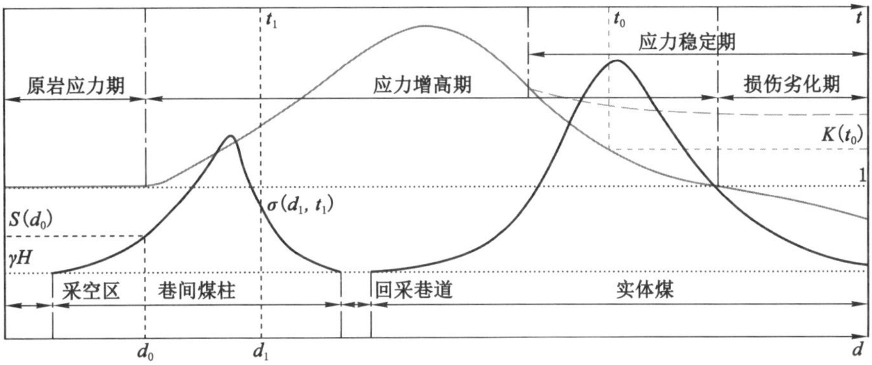

图 5-5　支承压力传播特征

工作面推进是一个动态的过程，随着工作面回采的进行，采场支承压力分别向工作面前方及两侧煤壁传播。工作面前方经历了“原岩应力→超前支承压力→开挖”的过程；而工作面两侧采场支承压力影响范围内的任一点 d_0 都将经历“原岩应力→侧向支承压力→煤体损伤劣化→应力重新分布”的动态过程，并在煤体损伤劣化和应力重新分布间取得平衡，则工作面两侧采场支承压力影响范围内的任一点 d_0 处的竖向应力都可表示为一个与距煤壁距离 d 和工作面回采时间 t 有关的函数，即 $\sigma=\sigma(d,t)$。对于采空区地下水库，煤柱坝体的稳定性是地下水库安全运行的核心问题，因此对于工作面两侧回采巷间煤柱的研究具有现实意义。

5.1.3 采场超前支承压力分布及传播规律分析

为研究随工作面推进前方煤壁压力的分布及超前支承压力的传播规律，设计如图 5-6 所示的超前支承压力监测方案：在超前工作面 40 m 范围内，分别间隔 3 m、4 m、5 m 不等距离设置 11 个应力监测点，用于获取超前工作面 40 m 范围内的应力分布特征；超前工作面 60 m 设置一个应力监测点，用于获取随工作面推进应力监测点处应力变化规律，即随工作面推进超前支承压力的传播规律。

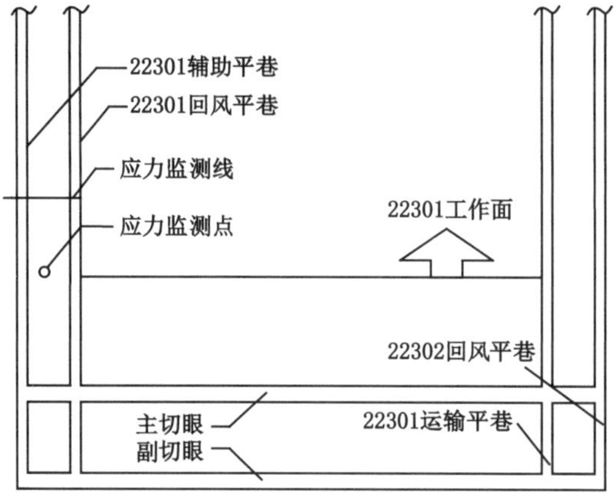

图 5-6　超前支承压力监测方案示意图

工作面实体煤侧应力分布如图 5-7 所示，由图 5-7 可知：

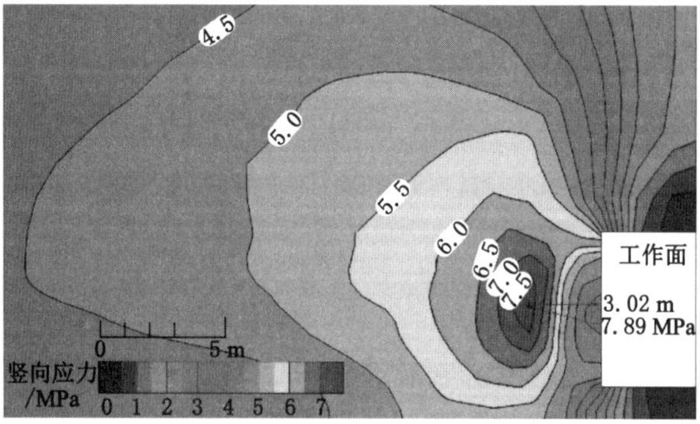

(a) 超前支承压力监测面应力分布云图

图 5-7　工作面实体煤侧应力分布

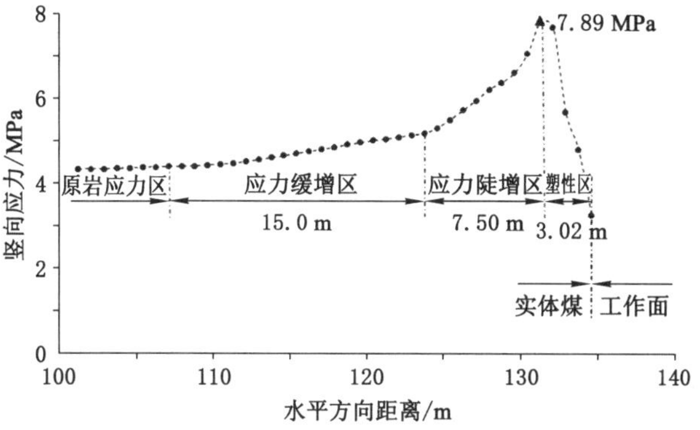

（b）工作面煤壁内应力曲线图

图 5-7(续)

(1) 工作面实体煤侧出现应力积聚，应力向实体煤左上方转移，应力积聚范围呈蝶翼形分布；

(2) 工作面超前支承压力峰值点距煤壁 3.02 m，应力集中系数为 1.82，此段距离为工作面实体煤侧塑性区；

(3) 工作面超前支承压力峰值点后方 7.50 m 范围内为应力陡增区，此区内应力从 4.91 MPa 急剧攀升至 7.89 MPa，增量为 2.98 MPa；

(4) 工作面应力陡增区后方 15.0 m 范围内为应力缓增区，此区内应力从 4.41 MPa 缓慢增加至 4.91 MPa，增量为 0.50 MPa；

(5) 工作面应力缓增区后方为原岩应力区。

因此，工作面实体煤侧超前支承压力的影响范围约为 25.52 m。

随工作面推进，工作面超前支承压力传播监测点应力变化如图 5-8 所示，由图 5-8 可知：

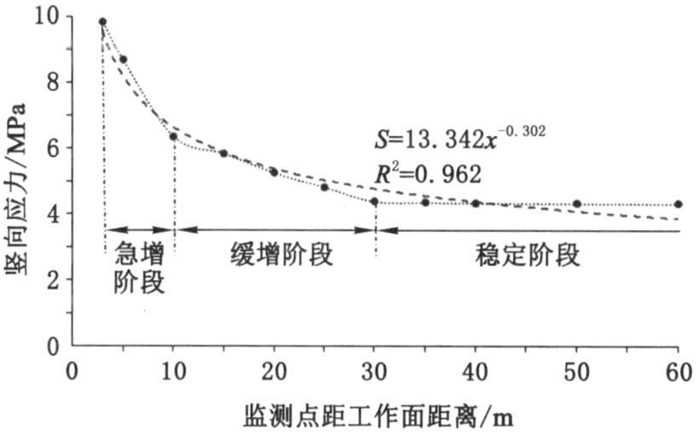

图 5-8　工作面超前支承压力传播监测点应力曲线

(1) 工作面推进 30 m 时,监测点距工作面煤壁距离由 60 m 缩短至 30 m,此阶段监测点应力几乎没有变化,位于超前支承压力影响范围之外;

(2) 工作面从 30 m 推进至 50 m 时,监测点距工作面煤壁距离由 30 m 缩短至 10 m,此阶段监测点应力呈线性上升,由 4.40 MPa 上升至 6.37 MPa,增量为 1.97 MPa;

(3) 工作面从 50 m 推进至 60 m 时,监测点距工作面煤壁距离由 10 m 缩短至 0 m,监测点应力在此阶段大幅上升,由 6.37 MPa 上升至 9.86 MPa,增量为 3.49 MPa;

(4) 在工作面从 0 m 推进至 60 m 范围内,应力变化规律可拟合为 $S=13.342x^{-0.302}$,此结果在 95%的置信区间条件下认为是可靠的。

工作面前方实体煤内一点随工作面推进,当处于超前支承压力影响范围外时,煤体处于原岩应力状态;当处于超前支承压力影响范围内不超过应力峰值点时,应力先缓慢增加后快速上升,煤体产生微量或少量应变且可逆;当处于应力峰值点外时,煤体内部损伤加剧且造成永久变形,应力表现为煤体损伤后的残余强度。

5.1.4 采场侧向支承压力分布及传播规律分析

为研究采场侧向支承压力分布特征及应力传播规律,设计了侧向支承压力监测方案:在 22301 回风平巷左侧煤柱及 22301 辅助平巷左侧实体煤中布设应力测线,用于获取随工作面推进侧向支承压力的分布特征;在 22301 回风平巷和 22301 辅助平巷间的煤柱中设置一个应力监测点,用于获取随工作面推进应力监测点处应力变化规律,即随工作面推进工作面侧向支承压力的传播规律。

工作面侧向支撑压力分布如图 5-9 所示,由图 5-9 可知:

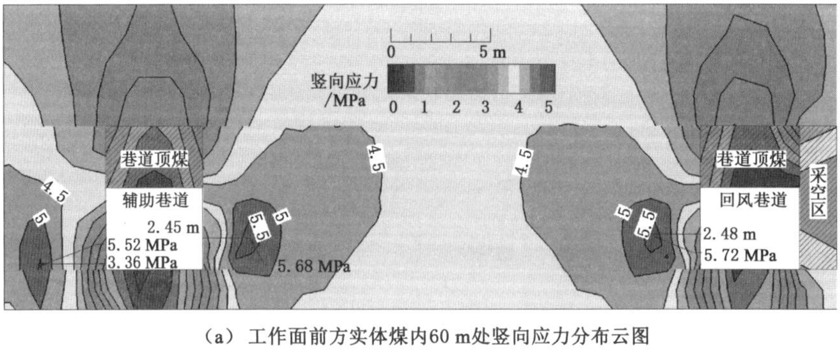

(a) 工作面前方实体煤内60 m处竖向应力分布云图

图 5-9 工作面侧向支承压力分布

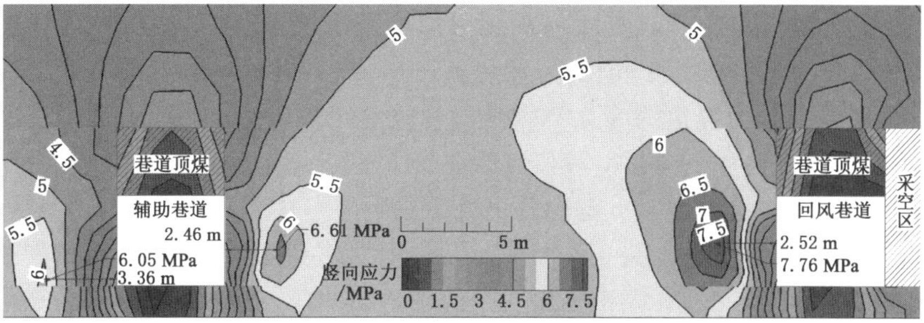

（b）工作面处竖向应力分布云图

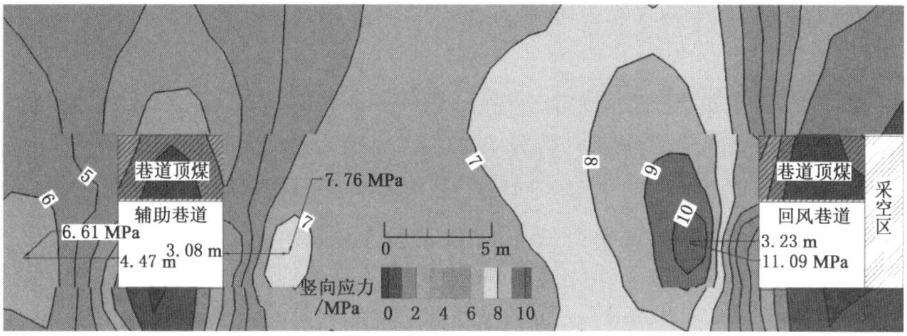

（c）工作面后方采空区内40 m处竖向应力分布云图

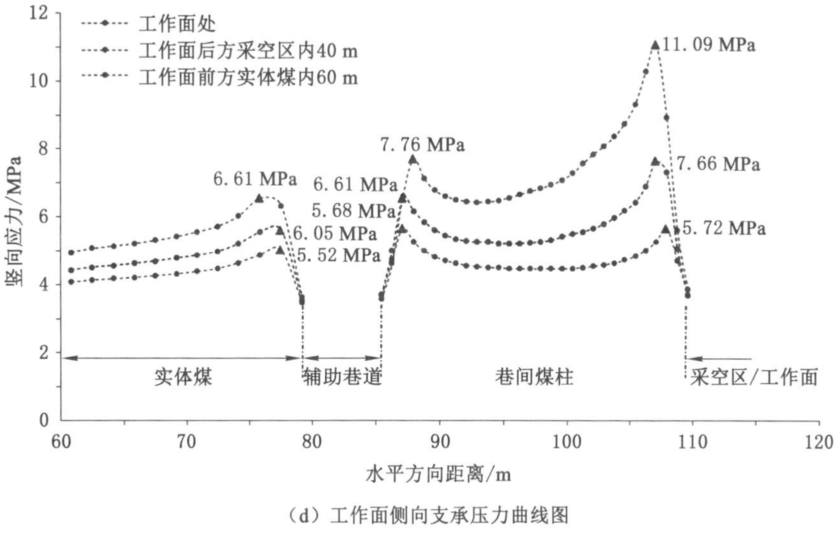

（d）工作面侧向支承压力曲线图

图 5-9(续)

工作面实体煤内 60 m 处于支承压力影响范围之外，应力呈蝶翼形对称分布，对称轴位于巷间煤柱中间位置；巷道掘进后，靠近采掘空间的煤帮中出现应力积聚，煤柱中应力峰值约为 5.70 MPa，峰值点距煤帮约 2.50 m；辅助巷道实体煤侧应力峰值为 5.52 MPa，峰值点距煤帮 3.36 m；巷道掘进引起的应力积聚范围较小，巷间煤柱中约 5 m 范围内仍处于原岩应力状态。

由图 5-9(a)、(b)可知，受工作面采动影响，回风巷道煤帮内应力积聚范围和强度均显著增大，应力峰值由巷道掘进后的 5.72 MPa 增长至 7.76 MPa，峰值点距煤帮的距离由 2.48 m 增大为 2.52 m；辅助巷道煤柱侧应力峰值由 5.68 MPa 增长至 6.61 MPa，增长幅度小于回风巷道煤柱侧，峰值点距煤帮的距离由 2.45 m 增大至 2.46 m；辅助巷道实体煤侧应力峰值由 5.52 MPa 增长至 6.05 MPa，峰值点位置未发生变化。

由图 5-9(c)可知，工作面后方采空区内 40 m 处回风巷道巷间煤柱内应力峰值增长至 11.09 MPa，应力集中系数为 2.58，峰值点距煤帮 3.23 m；辅助巷道巷间煤柱内应力峰值增长至 7.76 MPa，应力集中系数为 1.80，峰值点距煤帮 3.08 m；辅助巷道实体煤侧应力峰值增长至 6.61 MPa，应力集中系数为 1.54，峰值点距煤帮 4.47 m。

由图 5-9(d)可以看出，巷间煤柱中应力均呈马鞍形分布，当测线位于工作面侧向支承压力影响范围外时，巷间煤柱应力曲线关于煤柱中线对称；随着工作面推进，测线处煤柱逐渐受支承压力影响，此时回风巷道巷间煤柱内应力峰值逐渐增高，应力峰值点逐渐深入巷间煤柱内部；同样，辅助巷道巷间煤柱侧向应力峰值逐渐增高，峰值点逐渐深入巷间煤柱内部，但应力峰值始终不大于回风巷道巷间煤柱侧向应力峰值；辅助巷道实体煤侧侧向应力峰值同样逐渐增高，峰值点逐渐深入实体煤内部。

以采空区为起点，在深入煤帮内部的过程中，虽受巷道两帮应力积聚影响，但总的应力分布规律是不变的，即支承压力随着距煤帮距离的增大先急剧增高，达到峰值点后先急后缓回落到原岩应力，煤帮内巷硐等采掘空间可改变一定范围的应力分布，但距离煤帮较近的采掘空间应力积聚峰值大于距离煤帮较远的采掘空间应力积聚峰值；同时，应力峰值点随着受支承压力影响程度的增高而逐渐深入煤帮内部。

随着工作面的推进，工作面侧向支承压力传播监测点应力变化如图 5-10 所示，由图 5-10 可知：

(1) 工作面推进 60 m 时，监测点距工作面的距离由 100 m 缩短为 40 m，此阶段监测点应力平稳，位于工作面侧向支承压力影响范围之外；

(2) 工作面推进 80 m 时，监测点距工作面的距离由 40 m 缩短为 20 m，此

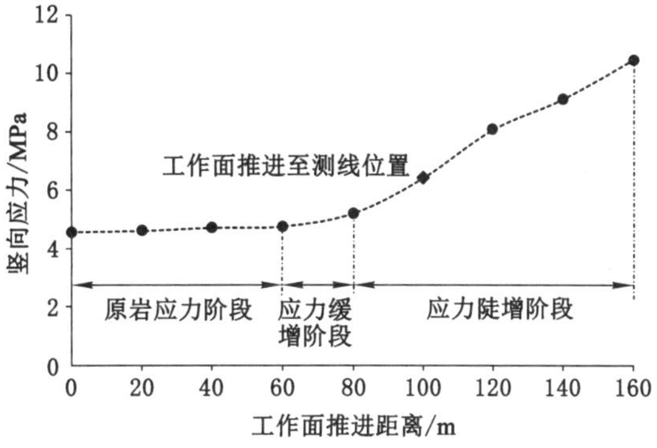

图 5-10　工作面侧向支承压力传播监测点应力曲线

阶段内监测点应力平缓上升，由 4.77 MPa 升高至 5.23 MPa，应力增量为 0.46 MPa；

(3) 工作面推进 160 m 时，监测点先后位于工作面前方实体煤内 20 m 处和工作面后方采空区内 60 m 处，此阶段内监测点应力急剧增大，由 5.23 MPa 增高至 10.48 MPa，应力增量为 5.25 MPa；

(4) 当工作面推进至距应力监测点 20 m 时，监测点应力开始陡增，表明从工作面前方 20 m 处开始侧向支承压力影响较为强烈。

5.2　动态应力作用下煤柱坝体损伤演化特征

5.2.1　巷间煤柱动态应力变化规律

工作面回风巷道巷间煤柱侧出现应力积聚峰值，且随着工作面持续推进，应力积聚峰值开始增大，峰值点缓慢深入煤帮内部。为研究补连塔矿 1# 水库，即 2^{-2}煤三盘区的 22301～22305 工作面完整服务周期内煤柱坝体应力积聚峰值变化情况，按照 2^{-2}煤三盘区回采巷道掘进顺序和 22301～22305 工作面回采顺序进行模拟，获得此条件下巷间煤柱监测点应力曲线如图 5-11 所示。

由图 5-11 可知：

(1) 数值模型初始化平衡后，监测点应力为 3.88 MPa，这与按照平均容重法所得的结果是一致的。

(2) 盘区巷道、22301 工作面回采巷道以及 22302 工作面回采巷道按顺序掘

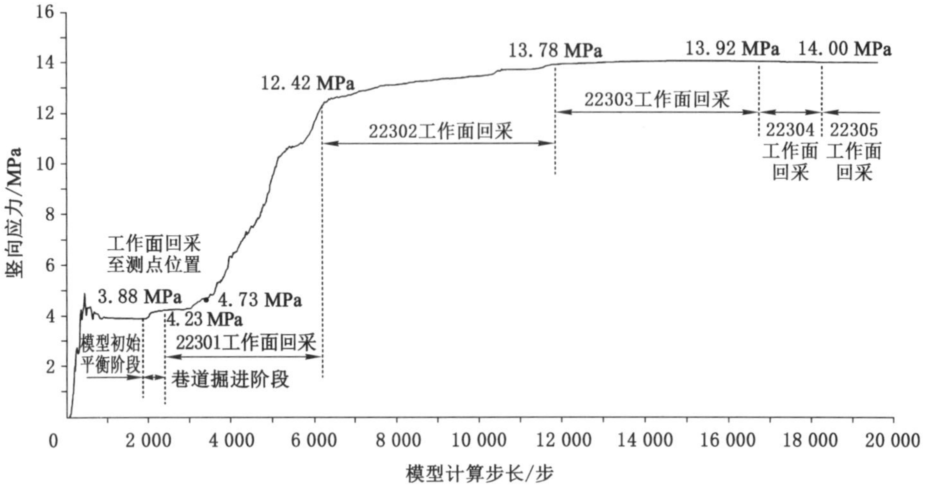

图 5-11　巷间煤柱监测点应力曲线

进完成后，受采掘活动导致应力重新分布的影响，监测点应力峰值增长至 4.23 MPa。

(3) 22301 工作面推进至监测点所在位置时，监测点应力峰值由 4.23 MPa 缓慢增加至 4.73 MPa，当工作面回采完成时，监测点应力增加至 12.42 MPa。

(4) 22302～22305 工作面的回采对监测点应力的影响逐渐减弱。其中：22302 工作面回采完成时监测点应力由 12.42 MPa 增加至 13.78 MPa，增量为 1.36 MPa；22303 工作面回采完成时监测点应力由 13.78 MPa 增加至 13.92 MPa，增量为 0.14 MPa；22304 工作面回采完成时监测点应力由 13.92 MPa 增加至 14.00 MPa，增量为 0.08 MPa；22305 工作面回采对监测点应力几乎没有影响，监测点应力维持在 14.00 MPa。

(5) 巷间煤柱应力积聚主要受 22301 工作面回采的影响，其影响程度可达全部应力增量的 84.39%。

5.2.2　动态应力作用下煤柱坝体损伤规律

为研究不同应力演化路径下煤柱坝体损伤破坏特征，以 5.2.1 小节为基础，设置 4 种不同应力加载路径、7 个巷间煤柱损伤状态监测点，具体模拟加载方案如图 5-12 所示。

各测点巷间煤柱塑性区发育如图 5-13 所示，将图 5-13 中各测点塑性区发育面积及深度进行提取，统计得表 5-2 和图 5-14。

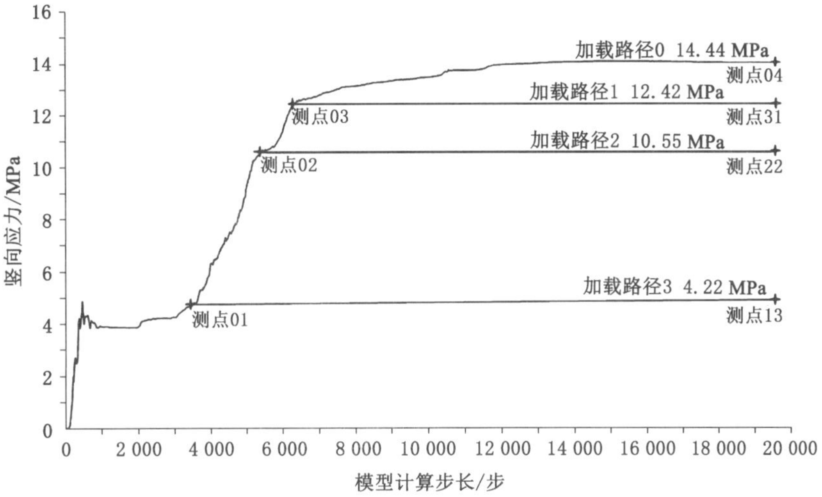

图 5-12　煤柱坝体损伤演化模拟加载方案

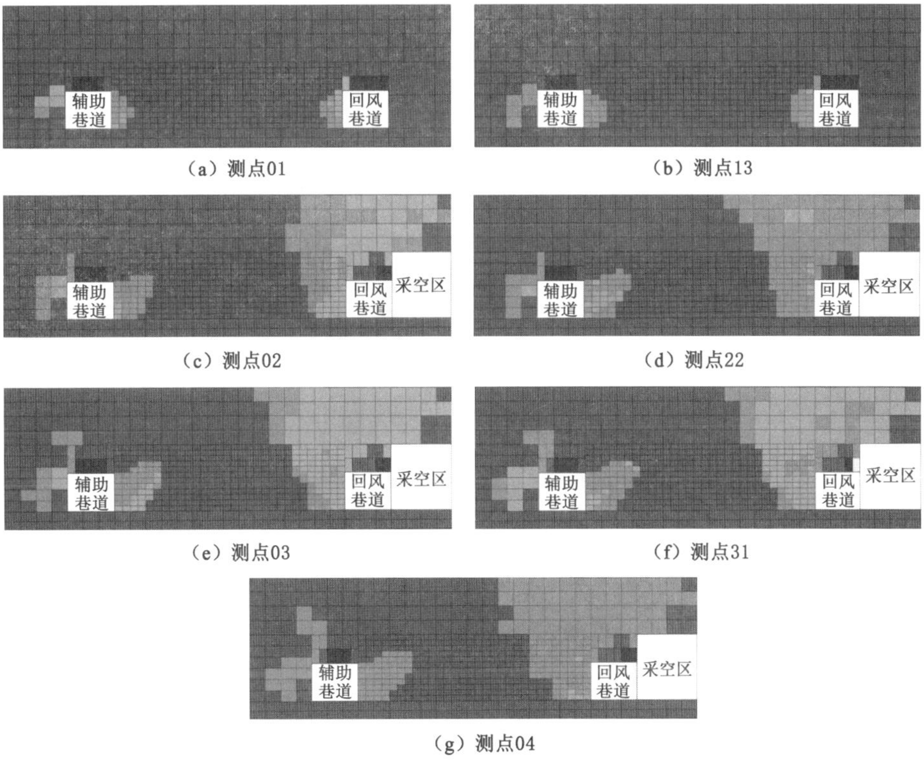

图 5-13　各测点塑性区发育情况

表 5-2　测点塑性区发育面积及深度汇总

位置		辅助巷道实体煤侧		辅助巷道煤柱侧		回风巷道煤柱侧	
条目		塑性区发育面积/m²	塑性区发育深度/m	塑性区发育面积/m²	塑性区发育深度/m	塑性区发育面积/m²	塑性区发育深度/m
测点序号	测点 01	11.67	2.33	7.29	1.75	7.78	1.75
	测点 02	15.56	2.33	16.04	2.92	31.60	3.50
	测点 03	17.50	3.50	20.90	3.50	35.49	4.08
	测点 04	19.44	3.50	23.33	4.08	42.29	4.67
	测点 13	13.61	2.33	8.26	1.75	9.24	1.75
	测点 22	15.56	2.33	18.96	3.50	32.57	3.50
	测点 31	19.44	3.50	21.88	4.08	36.94	4.67

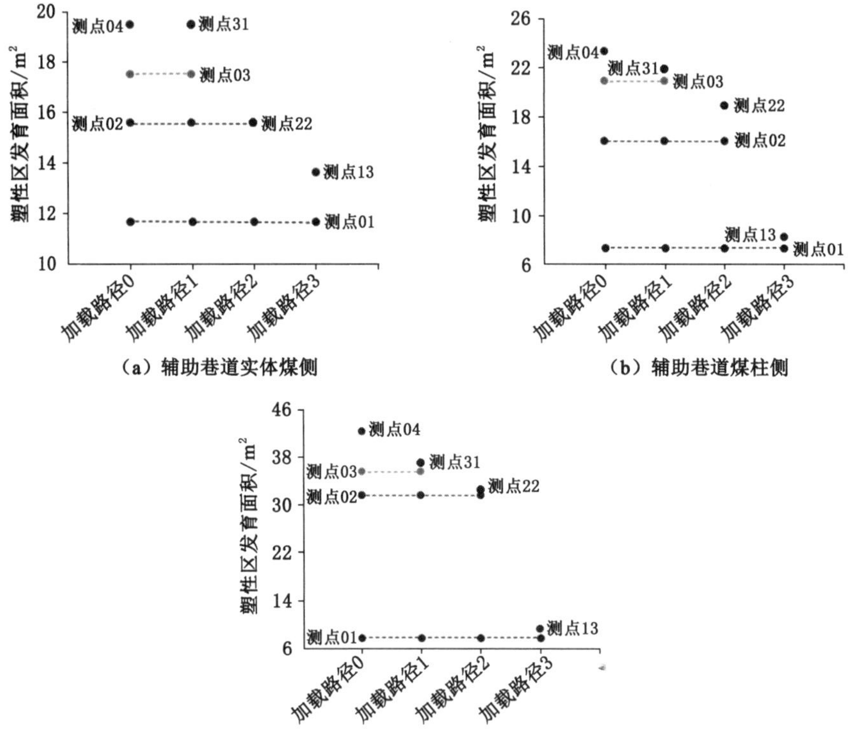

（a）辅助巷道实体煤侧　（b）辅助巷道煤柱侧　（c）回风巷道煤柱侧

图 5-14　塑性区发育面积统计图

由图 5-13、图 5-14 和表 5-2 可知：

(1) 除了采掘空间较小，受支承压力影响较弱的测点 01 和测点 31 外，其他各测点塑性区发育面积均表现为从靠近采空区一侧逐渐减小。在剖面上，塑性区分布呈蝶翼形，采掘空间煤帮的斜上方更易发生塑性破坏。

(2) 应力沿加载路径 0 变化时，测点 01 到测点 04 随着计算步长的增加，各位置塑性区发育面积均有不同程度的增大，增量最显著的是回风巷道煤柱侧塑性区发育面积(从 7.78 m^2 增加到 42.29 m^2)，塑性区发育深度均保持增大或不变。

(3) 从测点 01 到测点 13、从测点 02 到测点 22、从测点 03 到测点 31，随着计算步长的增加，煤柱所处的应力环境基本保持不变，而各位置塑性区发育面积均有不同程度的增大，塑性区发育深度保持增大或不变。

(4) 对于塑性区发育面积而言，测点 01 到测点 02 中塑性区发育面积增加最显著，分别占到全部增量的 50.06%、54.55%和 69.02%，即 22301 工作面未完成回采时，采空区顶板运移较为活跃，覆岩应力重新分布尚未完成，巷间煤柱处于强烈的支承压力影响范围之内，故此阶段内采场支承应力增量较大，导致塑性区发育较快。

5.3　动载荷对煤柱坝体稳定性的影响

工作面开采形成采掘空间后，失去有效承载的顶板岩层重量转移至采场周围的煤体中，并且开采过程中开采扰动、爆破工程、顶板垮落等产生的应力波对采场周围煤体结构稳定性有较大影响[99-100]，为研究煤柱坝体在应力波作用下的动态稳定性，需对巷间煤柱进行动力响应分析。

FLAC^{3D}软件自带的动力分析模块可进行三维完全动力分析，可用于模拟岩土体在内源(如爆破、地铁振动等)和外源(如地震)荷载作用下的完全非线性响应求解，因此广泛适用于岩土工程开挖、边坡稳定性分析、地震动力响应分析等诸多领域。动力耦合问题求解流程如图 5-15 所示。

5.3.1　数值计算模型的建立及静力计算

在静力计算模型的基础上进行动力响应分析。模型采用直角坐标系，选取 xOy 平面为模型水准面，选取 Oz 轴方向为铅直方向，向上为正。在模型四周留设 80 m 边界区域以减轻边界效应对模型的影响，根据补连塔煤 2^{-2} 煤三盘区实际地质条件及工作面、巷道布置情况，确定模型在 Ox 方向取 500 m，在 Oy 方向取 500 m，在 Oz 方向取 180 m，根据现场实际岩性条件，将模型划分为 12

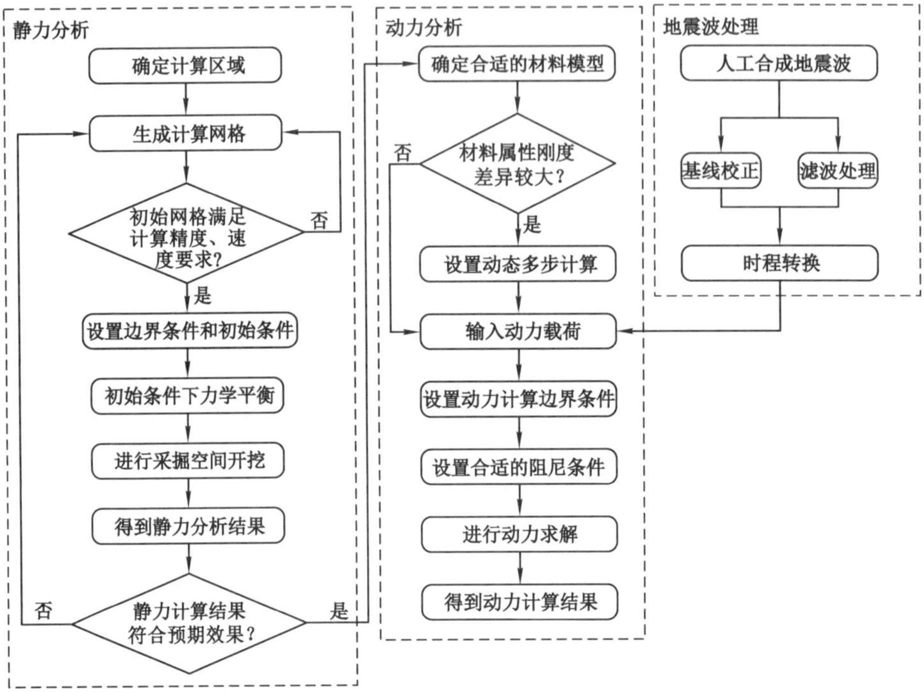

图 5-15　动力耦合问题求解流程图

种不同的材料类型，同时在保证计算精度的前提下，为了提高运算速度，根据实际需要将各个材料类型划分为不同的单元尺寸，模型共划分为 1 095 114 个块体，共有 1 422 695 个节点。模型中不同材料属性的交界面采用 attach face 命令进行连接，保证模型中数据的连续性。模型示意及原岩应力状态如图 5-16 所示。

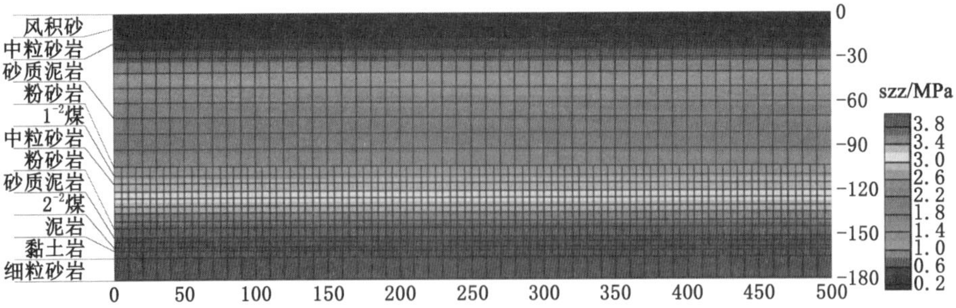

图 5-16　模型示意及原岩应力状态图

根据建立的模型和现场实际条件确定模型边界条件，采用 fix 命令控制模型边界速度，其中 Ox 轴方向和 Oy 轴方向限制水平方向位移，模型底部限制竖直方向位移。首先进行自重加载，获得原岩应力场，然后先后进行巷道和工作面开挖，计算值平衡后，在此基础上通过设置相应的动力载荷、动力边界条件和力学阻尼进行动力响应计算，计算结果如图 5-17 所示。

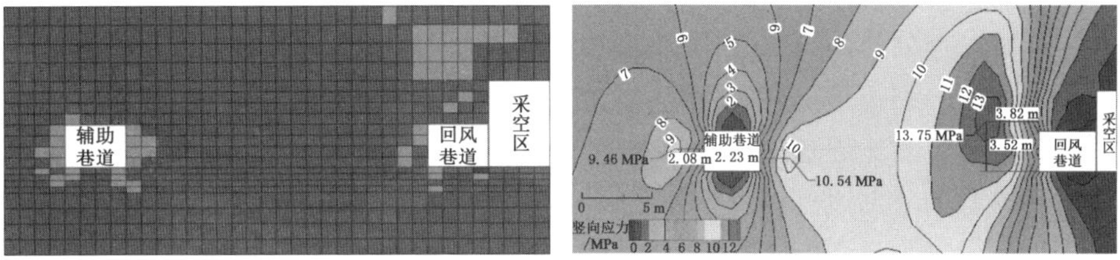

(a) 塑性区发育　　　　(b) 应力分布

图 5-17　模型静力计算结果

由图 5-17 可知，静力计算完成后：

(1) 辅助巷道两帮及顶板约 2.5 m 范围内出现塑性区，巷道两底角塑性区发育较显著。

(2) 辅助巷道巷帮 2.08 m 左右的实体煤侧出现竖向应力极大值，为 9.46 MPa；辅助巷道巷帮 2.23 m 左右的巷间煤柱中出现竖向应力极大值，为10.54 MPa。

(3) 回风巷道顶板出现大面积的塑性区，巷道左帮约 2.5 m 范围内出现塑性区，巷道顶角及底角均出现大面积的塑性区。

(4) 距离辅助巷道巷帮约 3.82 m、距巷道底板约 3.52 m 处出现竖向应力峰值，为 13.75 MPa。

(5) 随着深入实体煤，采掘空间围岩出现的竖向应力极大值依次减小，应力极值随距巷帮的距离增大而逐渐减小。

5.3.2　动力计算参数的确定

5.3.2.1　边界条件选择

在动力求解中，由于模型边界上存在波的反射，将会对动力计算结果产生影响，$FLAC^{3D}$ 中提供了两种边界条件来减小模型边界上波的反射，分别是静态边界和自由场边界。

静态边界通过在模型法向和切向设置的自由阻尼器吸收入射波来减少边界波的反射，阻尼器提供的法向黏滞力和切向黏滞力可表示为：

$$t_{n} = -\rho C_{p} v_{n} \tag{5-6}$$

$$t_s = -\rho C_s v_s \tag{5-7}$$

式中 v_n,v_s——边界上法向和切向的速度分量;

ρ——介质密度;

C_p,C_s——纵波和横波的波速。

自由场边界通过在模型周围生成二维和一维网格作为自由场网格,通过耦合阻尼器进行模型网格的边界与自由场网格的耦合,自由场网格仅能把不平衡力施加到模型网格的边界上,如果模型网格与自由场运动相同,自由场边界就因与模型网格一起运动而不起作用;反之,耦合阻尼器就会吸收能量,这样就实现了自由场边界与无限场地相同的效果。

将模型的底部边界设置为静态边界,用于模拟模型下部无限延伸的区域;将模型周边设置为自由场边界,在两种边界条件的共同作用下,模型边界环境类似于一个半空间无限的自然地质体,更符合实际。

5.3.2.2 力学阻尼选择

阻尼的产生来源于材料的内部摩擦以及接触表面的相对滑动,对于动力求解问题的阻尼,需要在数值模拟中重新定义系统在动载荷作用下的阻尼大小。FLAC^{3D}的动力计算模块提供了三种阻尼形式,分别是瑞利阻尼、局部阻尼和滞后阻尼。

瑞利阻尼最初应用于结构和弹性体的动力计算中,其质量分量相当于连接节点与地面的阻尼器,刚度分量相当于连接单元之间的阻尼器,通过选取合适的系数,可以近似地反映岩土体具有的频率无关性,其得到的加速度响应也比较符合实际,不足之处在于时间步较小,导致计算时间过长。

局部阻尼是 FLAC^{3D}中静力计算所选用的阻尼形式,通过在计算过程中的振动循环中增加或减小质量节点或结构单元节点的质量实现收敛的目的,只适用于简单问题的求解。

滞后阻尼使用模量衰减系数来描述岩土体的滞后特性,会导致模型能量损失增大,还会导致大循环应变下的平均剪切模量降低,同时应用过程中受限制较多。

结合本次模拟实际条件,确定阻尼形式为瑞利阻尼,设置瑞利阻尼需确定两个参数,分别是最小临界阻尼比 ξ_{min}和最小中心频率 ω_{min},由于材料发生的塑性流动消耗了大量的能量,一般将最小临界阻尼比设置为 0.05 时即可满足计算要求;最小中心频率的确定需先进行模型弹性材料的动力计算,然后根据各材料功率谱的分布确定。

5.3.2.3 合成应力波

由于天然的符合本地区实际情况的地震波不易获得,通常采用一定程序人为生成与实际情况或预期条件下地震特性相匹配的地震波，常用的人工合成地震波的方法有比例法、拟合目标谱法、三角级数法、ARMA法。本次模拟人工合成地震波采用比例法，根据获取到的Hachinohe地震波资料，截取其0～10 s振幅较大部分进行数据处理，使其满足计算需要，原始地震波加速度时程如图5-18所示。

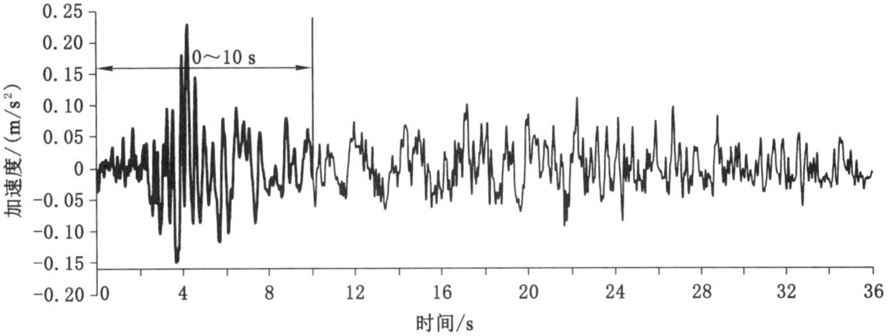

图5-18　Hachinohe加速度时程曲线

进行场地地震危险性分析时，考虑场地50 a超越概率为10%的场地基岩峰值加速度，其值为0.126g，而竖直方向加速度a_H与水平方向地震加速度a_V比值的平均值一般为1/2～2/3。本次模拟选定水平方向地震加速度a_V=0.126g，竖直方向地震加速度峰值a_H=0.084g；本次模拟只考虑竖直方向的地震载荷，对选取的地震波进行振幅调整。

采用FLAC^{3D}软件进行动力响应分析时，输入波形的频率和波在材料中的波速特性会影响数值计算精度，要想精确描述模型中波的传播，根据Kuhlemeyer和Lysmer的研究成果，数值模型的网格尺寸Δl必须严格遵守以下公式：

$$\Delta l \leqslant \left(\frac{1}{10} \sim \frac{1}{8}\right)\lambda \tag{5-8}$$

式中　λ——最高频率对应的波长。

地震波在岩土中的传播速度取决于材料泊松比、剪切模量和密度，即：

$$v_p = \sqrt{\frac{\frac{4}{3}\mu + k}{\rho}} \tag{5-9}$$

由式(5-8)可知，波速一定时，地震波的最大频率对模型网格尺寸的影响较大，最大频率越高，所需的网格尺寸越小，通常采用滤波的方式滤除较小地震波的最大频率，从而达到计算精度与计算效率的均衡。本次模拟采用EQSignal软件提供的低通滤波器进行滤波处理，设置最大频率为5 Hz，处理后的地震波加速度傅里叶谱如图 5-19 所示。

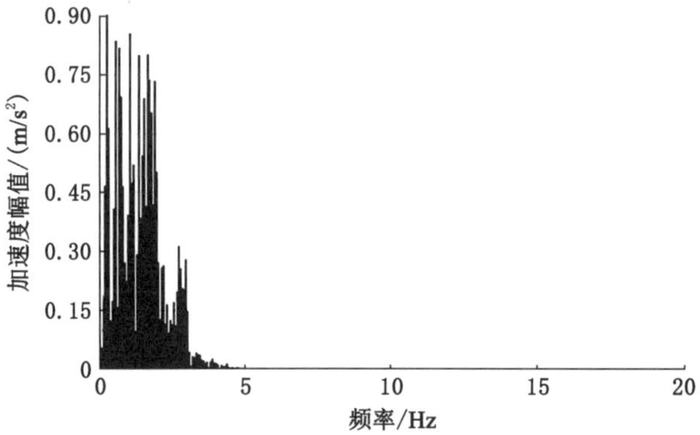

图 5-19　加速度傅里叶谱图

地震波在煤中的传播速度最小，约为 640 m/s，此时对应的地震波最小波长为 120 m，根据式(5-8)可得，数值模型的网格尺寸 $\Delta l \leqslant 12 \sim 15$ m，本次模型进行网格划分时，网格单元的最大尺寸为 10.0 m，故可以保证数值计算的精度。

获取到的地震波数据通常为加速度时程，同时 FLAC^{3D} 动载荷输入支持加速度时程、速度时程、位移时程和应力时程等 4 种方式，本次数值模型边界条件选用了静态边界，导致加速度时程和速度时程的地震波数据无法输入，因此需将加速度时程转化为应力时程数据进行动载荷输入；而在进行时程转换时，需对加速度时程进行积分处理，积分的结果可能使最终速度和最终位移不为 0，此时需对加速度时程进行基线校正，使其积分得到的速度时程或位移时程最终值均为 0。基线校正后的加速度时程曲线和速度时程曲线分别如图 5-20 和图 5-21 所示。

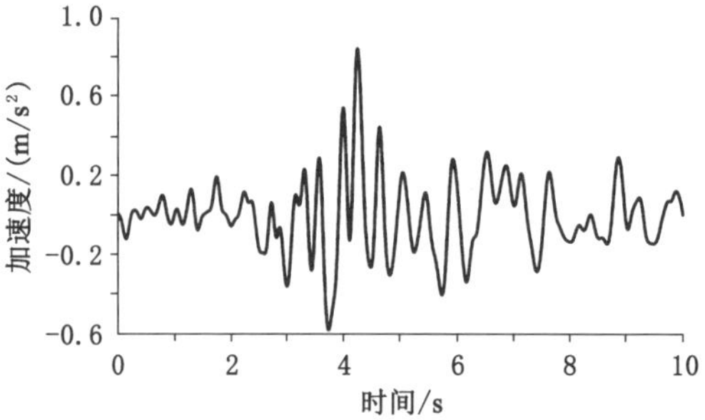

图 5-20　基线校正后的加速度时程曲线

可通过如下公式进行速度时程与应力时程的转换：

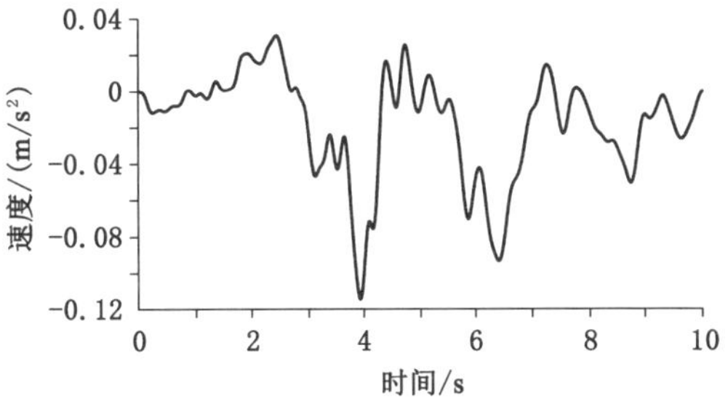

图 5-21　基线校正后的速度时程曲线

$$\sigma_n = -k(\rho C_p)v_n \tag{5-10}$$

$$\sigma_s = -k(\rho C_s)v_s \tag{5-11}$$

式中　σ_n,σ_s——地震波引起的竖直应力和水平应力变化；

k——考虑模型设置的静态边界吸收一半的能量。

由于本次计算只涉及模型竖直方向的地震波，故可得地震波竖直方向应力时程如图 5-22 所示，将应力时程从模型底部静态边界输入即可实现模型动载荷的加载。

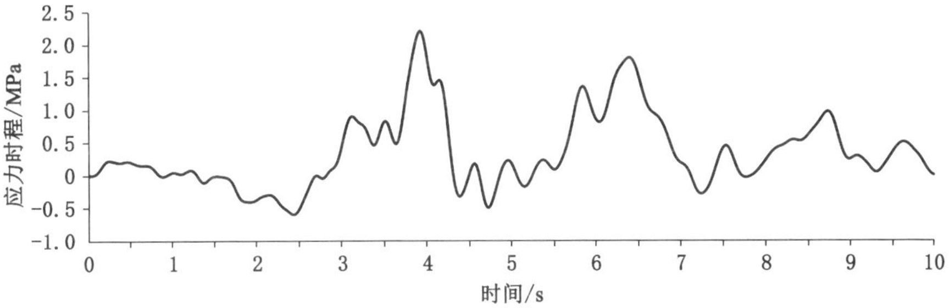

图 5-22　竖直方向应力时程曲线

5.3.3　数值计算结果分析

由 5.3.2 小节可知，动载荷最终表现为随时间变化的应力曲线，对模型的主要影响体现在应力分布和塑性区发育上，相较于模型静力计算结果，动载荷作用下的煤柱坝体模型塑性区发育和应力分布如图 5-23 所示，由图 5-23 可知：

(1) 辅助巷道两帮的塑性区发育宽度增加至 3.8 m，巷道两底角塑性区发育面积显著增加，靠近采空区的巷道底角塑性区发育深度远大于远离采空区的巷道底角。

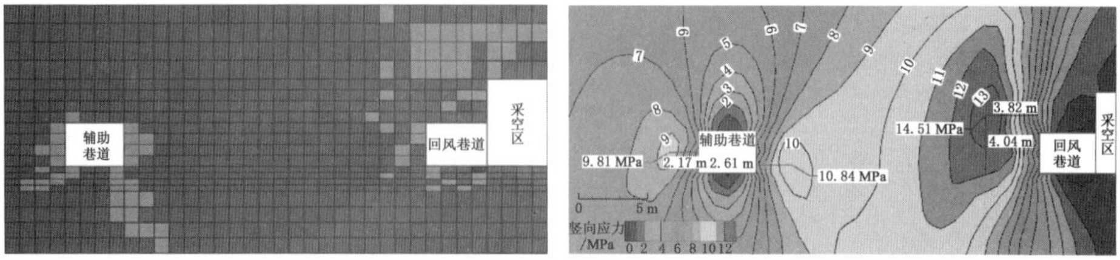

（a）塑性区发育　　　　（b）应力分布

图 5-23　动载荷作用下煤柱坝体模型计算结果

(2) 辅助巷道实体煤帮的竖向应力极大值增加至 9.81 MPa，深度为 2.17 m，相较于静力计算结果略微减小；巷间煤柱侧的竖向应力极大值增加至 10.84 MPa，深度为 2.61 m。

(3) 回风巷道煤柱侧塑性区发育深度最大可达 5.0 m，巷道顶角和底角的塑性区面积显著增大，其中巷道底角塑性区发育面积和深度增量巨大。

(4) 回风巷道煤柱侧竖向应力峰值出现在距巷道底板 4.04 m、距巷帮 3.82 m 处，应力峰值约为 14.51 MPa。

(5) 动载荷作用下巷道围岩的塑性区发育面积及发育深度显著增加，竖向应力积聚程度增大，极值点往煤帮纵深方向发展，表现出动载荷作用下煤柱坝体所受应力环境的恶化，煤柱失稳可能性增加。

5.3.4　动载荷烈度对煤柱坝体动力响应的影响

为分析不同动载荷烈度下煤柱坝体的动力响应机制，在模型静力计算结果的基础上，设置相同的动力边界条件和力学阻尼，采用比例法对 Hachinohe 地震波 0～10 s 数据进行滤波、基线校正、振幅调整等处理，人工合成竖直方向加速度峰值分别为 0.042g 和 0.021g 的应力波，并将其施加在数值计算模型上，计算结果如图 5-24 和图 5-25 所示。

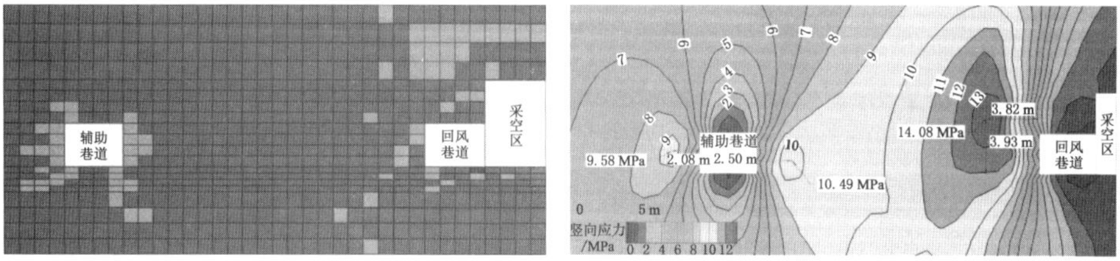

（a）a_H=0.021g时塑性区发育　　　　（b）a_H=0.021g时应力分布

图 5-24　动载荷作用下煤柱坝体模型计算结果

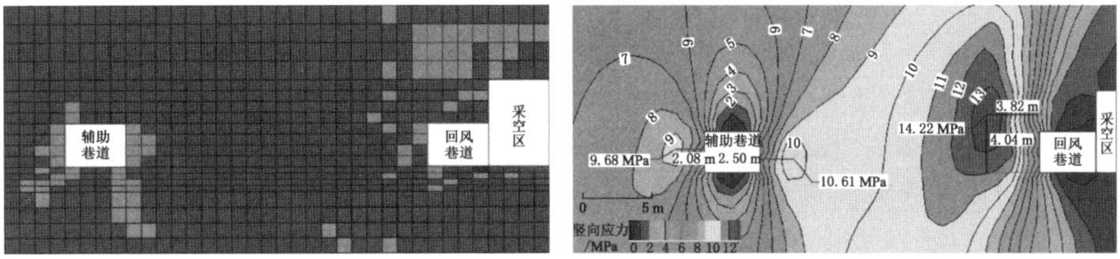

(c) a_H=0.042g时塑性区发育　　(d) a_H=0.042g时应力分布

图 5-24(续)

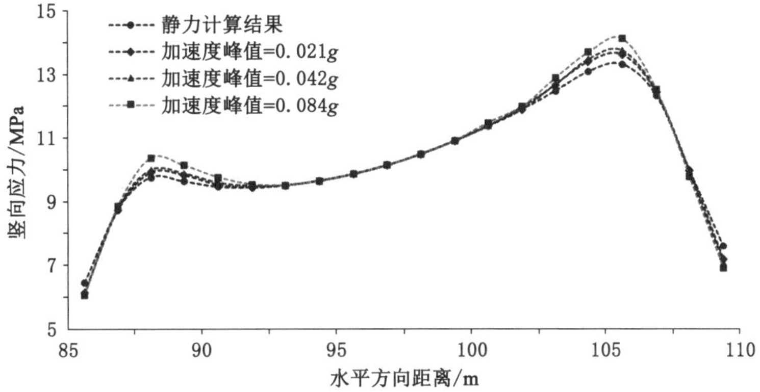

图 5-25　巷间煤柱竖直应力分布曲线

加速度峰值的变化直接导致其时程转换后应力曲线峰值的变化，进而引起数值计算模型应力分布及塑性区发育的改变，随着竖直方向加速度峰值的变化，塑性区发育及应力分布情况如图 5-24 所示：

(1) a_H = 0.021g 时，辅助巷道左帮塑性区发育宽度约 3.8 m，右帮约 2.5 m，巷道顶板约 2.0 m 范围内出现塑性区，巷道底角塑性区发育面积较大，靠近采空区右侧的底角塑性区发育面积、深度均大于背离采空区的巷道底角；回风巷道左帮塑性区发育宽度约为 5.0 m，巷道底角塑性区发育面积及深度较大。

(2) a_H = 0.021g 时，辅助巷道左帮竖直应力极大值为 9.58 MPa，极值点距煤帮约 2.08 m，辅助巷道右帮竖直方向应力极大值为 10.49 MPa，极值点距煤帮约 2.50 m；回风巷道左帮竖直方向峰值为 14.08 MPa，峰值点距巷帮约 3.82 m，距巷道底板约 3.93 m。

(3) a_H = 0.042g 时，巷道底角塑性区的发育面积及深度均大于 a_H = 0.021g 时。

(4) a_H = 0.042g 时，辅助巷道左帮竖直应力极大值为 9.68 MPa，极值点距煤帮约 2.08 m，辅助巷道右帮竖直方向应力极大值为 10.61 MPa，极值点距煤帮约 2.50 m；回风巷道左帮竖直方向峰值为 14.22 MPa，峰值点距巷帮约 3.82 m，距巷道底板约 4.04 m。

通过对比静力计算结果和 $a_H=0.084g$ 时的计算结果可知：随着施加的竖直方向加速度峰值的增加，即动载荷烈度的增大，巷道围岩塑性区发育宽度逐渐增大，发育面积依次增大，且巷道底角更易向底板方向扩展；巷道围岩竖直方向应力极值逐渐增大，极值距巷帮的距离逐渐增大，由于施加的动载荷应力方向为竖直方向，故巷帮竖直方向应力极值距巷道底板距离逐渐增大。

动载荷的输入改变了巷道围岩的应力状态，巷间煤柱中竖直方向应力分布如图 5-25 所示：

(1) 施加动载荷后，巷间煤柱各测点竖向应力均大于静力计算结果，但巷间煤柱竖向应力的分布趋势为两端高中间低且随着深入煤壁应力逐渐减小，并未发生改变。

(2) $a_H=0.042g$ 与 $a_H=0.021g$ 时对巷间煤柱应力的影响较为接近，分别导致竖向应力峰值相较于静力计算结果增大了约 0.45 MPa 和 0.30 MPa，但 $a_H=0.084g$ 时对竖向应力峰值影响较大，相较于静力计算结果的增量约为 0.81 MPa。

(3) 随着竖直方向加速度的增大，巷道围岩内竖向应力极值增大的同时，极值点逐渐向巷帮深处、顶部方向转移。

(4) 施加动载荷后，巷帮围岩相较于静力状态下损伤程度加剧，承载能力进一步丧失，且动载荷竖直方向加速度越大，巷帮围岩损伤程度越大，同时承载能力越弱，故随着动载荷竖直方向加速度的增大，巷帮一定范围内的竖向应力逐渐减小。

5.4 坝体巷道围岩松动圈实测及数值模拟

成煤过程中，受原岩应力和构造应力的影响，煤盆地的完整性受到破坏[101]，煤体内部存在大量的微损伤和微结构，采掘空间形成后，煤体原有的应力平衡状态被打破，煤帮内一定范围出现应力积聚，当应力大于煤体可承载的最大应力时，煤体内的微损伤和微结构被贯穿、破坏，宏观表现为煤体的变形破坏，煤体变形破坏后承载能力降低，应力进而向煤帮深处转移，此时形成环绕巷道四周的松弛破碎带，即为巷道围岩松动圈。松动圈反映了巷道围岩所处的力学状态，其大小表征了煤体损伤破坏的范围，是巷道围岩稳定性的重要评价依据，同时也是巷道保护煤柱稳定性分析和评价的重要参考。

5.4.1　数值计算模型及实测方案

目前公认的巷道围岩松动圈测试方法有声波法、多点位移计法、地震波法、地质雷达法和钻孔摄像法等[102-107]，其中声波法技术成熟、仪器操作简便、工程实践较多，本次松动圈测试选择声波法测试，所用的岩土松动圈检测仪如图 5-26 所示。

图 5-26　围岩松动圈测试仪

松动圈声波法探测的原理是应用超声波在不同介质中的传播速度不同来预测围岩的破坏情况，当煤体所受的外力较小时，相应变形也较小，可以把煤体视为弹性体。根据弹性理论，由弹性波的波动方程通过弹性力学空间问题的静力方程推导，可得出超声波波速与介质的弹性参数之间的关系如下：

$$v_p = \sqrt{\frac{E(1-\mu)}{\rho(1+\mu)(1-2\mu)}} \tag{5-12}$$

$$v_s = \sqrt{\frac{E}{2\rho(1+\mu)}} \tag{5-13}$$

式中　v_p——纵波在煤体中的传播速度；

v_s——横波在煤体中的传播速度；

E——煤的弹性模量；

μ——煤的泊松比；

ρ——煤的密度。

可见，超声波在煤体中的传播速度与煤的弹性模量、泊松比和密度有关，同时受煤的受力状态及裂隙发育程度影响，而煤体的抗压强度、密实程度决定了煤的物理力学参数，因此煤体的波速就可以间接反映煤体所处的应力状态以及内部破坏情况，通过回采巷道两帮不同深度的波速变化规律，可以确定巷道围岩的松动圈大小。

为研究不同采动条件下巷道围岩破坏情况，在 22302 回风平巷、22302 运输平巷布置测点。一次采动影响松动圈测试选在 22302 运输平巷工作面前方 30 m 处，每隔 10 m 或 15 m 布设一个测点，共设 4 个测点；一次采动稳定影响松动圈测试选在 22302 回风平巷工作面前方 150 m 处，每隔 10 m 布设一个测点，共设 3 个测点；回采巷道重复采动影响松动圈测试选在 22303 回风平巷工作面前方 30 m 处，每隔 10 m 或 15 m 布设一个测点，共设 4 个测点，如图 5-27 所示。

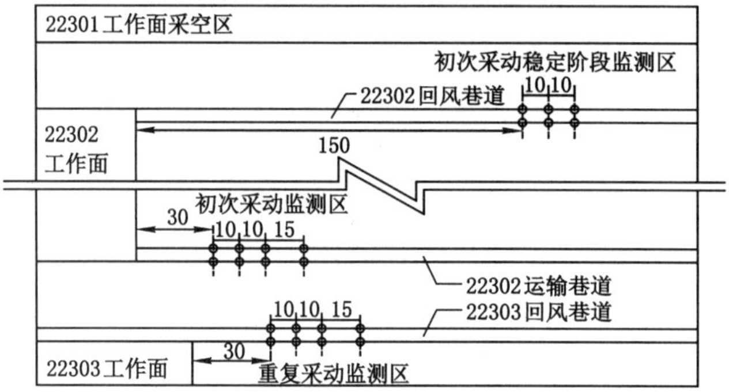

图 5-27 围岩松动圈监测方案示意图(单位：m)

由松动圈的形成机理可知，松动圈内的岩体所受的应力小于原岩应力，可认为巷道围岩最大主应力小于原岩应力的范围为松动圈，即在数值模拟中近似地将巷道围岩应力小于最大主应力的卸压区认为是松动圈的范围。根据围岩松动圈声波测试方案进行松动圈发育的数值模拟计算。

5.4.2 一次采动围岩松动圈发育规律

为研究补连塔矿一次采动下回采巷道围岩松动圈发育情况，在 22302 运输巷道工作面前方 30～65 m 范围内进行松动圈声波传播速度测试，本次测试共布设 4 个测点，声波探测所需的钻孔设置在巷道两帮腰线位置。

22302 工作面运输巷道采用单体液压支柱进行工作面超前支护 20 m，巷道正帮采用玻璃钢锚杆加钢带支护方式，工作面前方未发现煤壁片帮现象。22302 运输巷道一次采动围岩松动圈声波传播速度测试结果如图 5-28 所示。

22302 运输巷道一次采动阶段，巷道正帮围岩松动圈发育深度为 0.80～0.90 m，平均为 0.85 m；巷道负帮围岩松动圈发育深度为 0.70～0.80 m，平均为 0.75 m；巷道负帮围岩松动圈发育深度小于巷道正帮，且松动圈发育深度随距工作面距离的增加而缩小。22302 运输巷道一次采动围岩松动圈发育深度测试结果如表 5-3 所列。

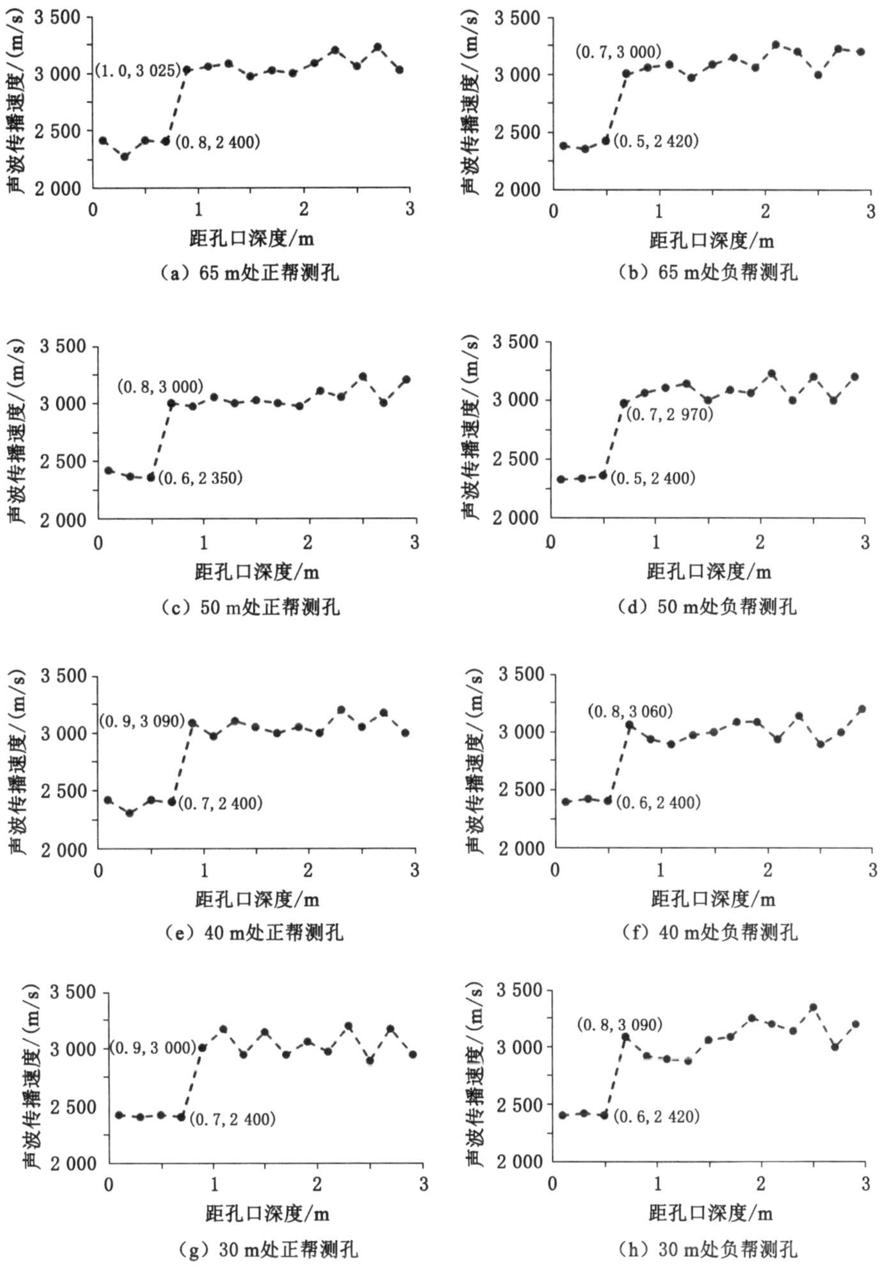

图 5-28　22302 运输巷道一次采动围岩松动圈声波传播速度测试结果

表 5-3　22302 运输巷道一次采动围岩松动圈发育深度测试结果统计表

测点位置	发育深度测试结果/m	
	正帮	负帮
距工作面 65 m	0.80	0.70
距工作面 50 m	0.80	0.70
距工作面 40 m	0.90	0.80
距工作面 30 m	0.90	0.80

距离工作面前方 30～65 m 范围内受采场支承压力影响较小，此时巷道围岩所呈现的应力积聚、煤体损伤主要受巷道开挖导致的应力重新分布影响，故在数值计算模型中，工作面前方 30～65 m 范围内围岩最大主应力分布类似，如图 5-29 所示：

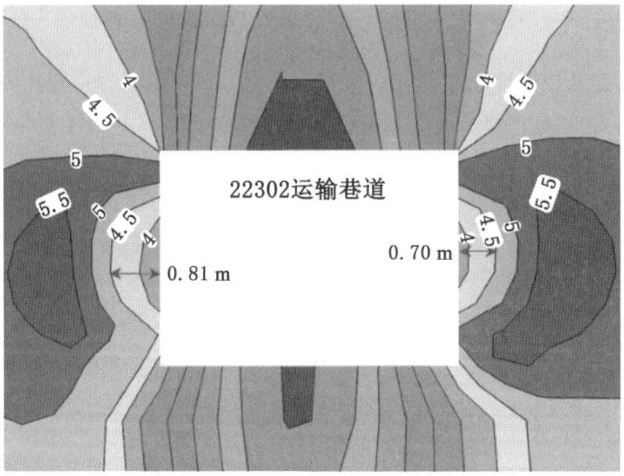

图 5-29　最大主应力分布图(单位：MPa)

(1) 两侧巷帮内均出现应力积聚区，应力极值距巷帮约 1.7 m。

(2) 巷道正帮松动圈最大发育深度约为 0.81 m，巷道负帮松动圈最大发育深度约为 0.70 m，均在现场实测结果分布范围内。

(3) 巷道正帮松动圈发育深度比巷道负帮松动圈发育深度大，与现场实测结果一致。

5.4.3　一次采动稳定后围岩松动圈发育规律

为研究一次采动稳定后回采巷道围岩松动圈发育情况，在 22302 回风巷道工作面前方 150～170 m 范围内进行松动圈声波传播速度测试，本次测试共布设 3 个测点，声波探测所需的钻孔设置在巷道两帮腰线位置。

22302 工作面回风巷道未设置超前支护，巷道正帮采用玻璃钢锚杆及塑料网支护，巷道负帮采用金属锚杆加钢带支护，巷道支护效果较好，顶板完整，未发现片帮现象。22302 回风巷道一次采动围岩松动圈声波传播速度测试结果如图 5-30 所示。

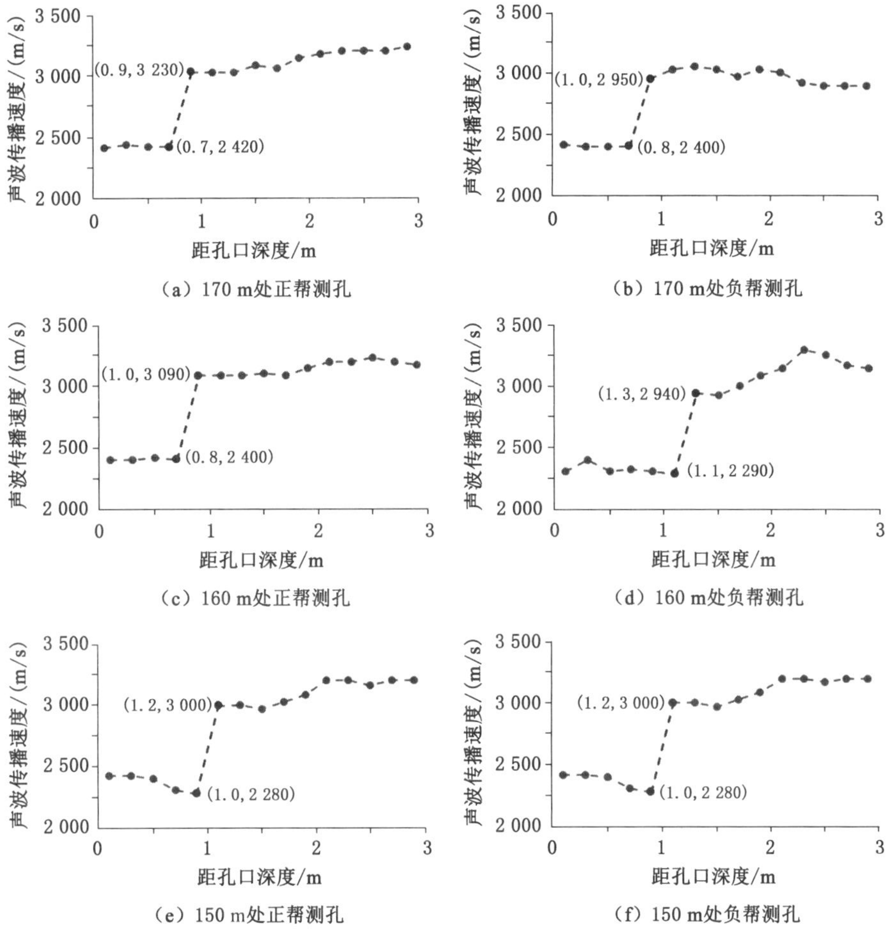

图 5-30　22302 回风巷道一次采动围岩松动圈声波传播速度测试结果

22302 回风巷道一次采动稳定后，巷道围岩应力转移、变形破坏趋于稳定，煤体内部在次生裂隙向深部转移的过程中实现新的应力平衡；巷道正帮围岩松动圈发育深度为 0.90～1.00 m，平均为 0.97 m；巷道负帮围岩松动圈发育深度为 1.00～1.10 m，平均为 1.03 m；此状态下巷道正帮和负帮松动圈发育深度相近。

距离工作面前方 150～170 m 范围内仅受采空的 22301 工作面侧向支承应力影响，此时巷道围岩松动圈的形成仅受稳定的工作面采空区侧向支承应力影响，围岩最大主应力分布如图 5-31 所示，声波测试及数值模拟结果如图 5-32 所示。由图 5-31 和图 5-32 可知：

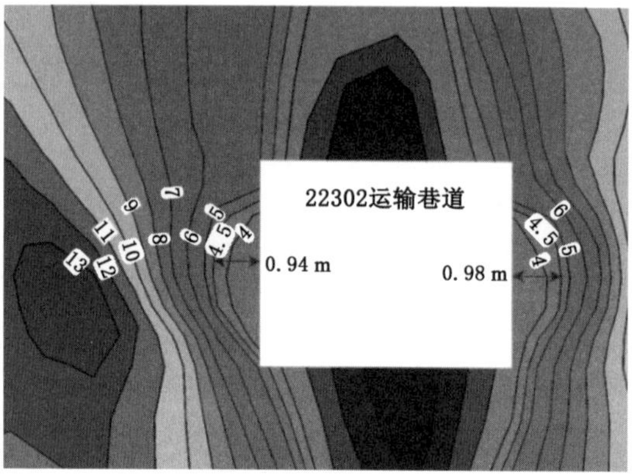

图 5-31　最大主应力分布图(单位:MPa)

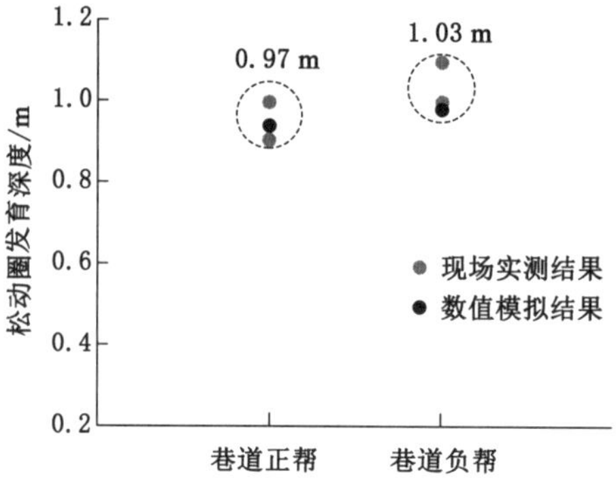

图 5-32　松动圈声波测试及数值模拟结果

(1) 巷道正帮松动圈最大发育深度约为 0.94 m，巷道负帮松动圈最大发育深度约为 0.98 m，均在现场实测结果分布范围内。

(2) 巷道正帮松动圈发育深度略小于巷道负帮松动圈发育深度，与现场实测结果一致。

5.4.4　重复采动围岩松动圈发育规律

为研究重复采动作用下回采巷道围岩松动圈发育情况，在 22303 回风巷道工作面前方 30～65 m 范围内进行松动圈声波传播速度测试，本次测试共布设 4 个测点，声波探测所需的钻孔设置在巷道两帮腰线位置。

22303 工作面回风巷道未设置超前支护，巷道正帮采用玻璃钢锚杆和塑料网支护，巷道负帮采用金属锚杆加钢带支护，巷道支护效果良好，顶板完整，未发现片帮现象。22303 回风巷道重复采动围岩松动圈声波传播速度测试结果如图 5-33 所示。

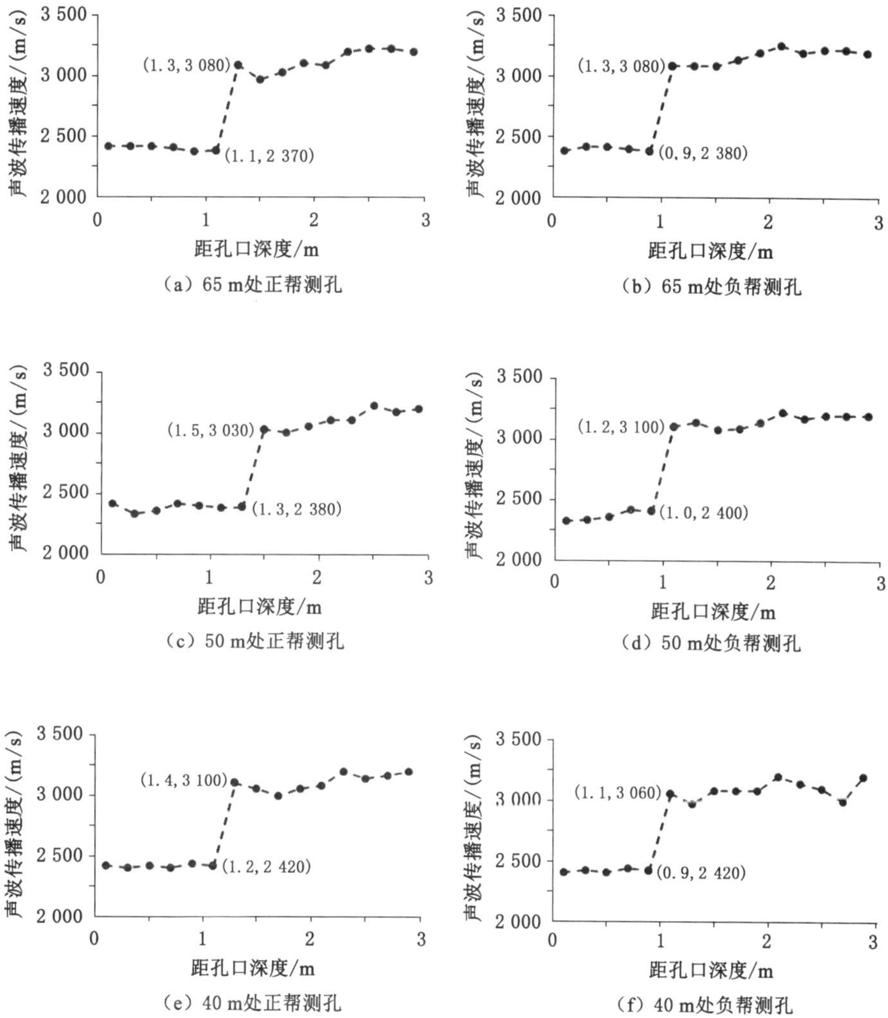

(a) 65 m处正帮测孔　(b) 65 m处负帮测孔
(c) 50 m处正帮测孔　(d) 50 m处负帮测孔
(e) 40 m处正帮测孔　(f) 40 m处负帮测孔

图 5-33　22303 回风巷道重复采动围岩松动圈声波传播速度测试结果

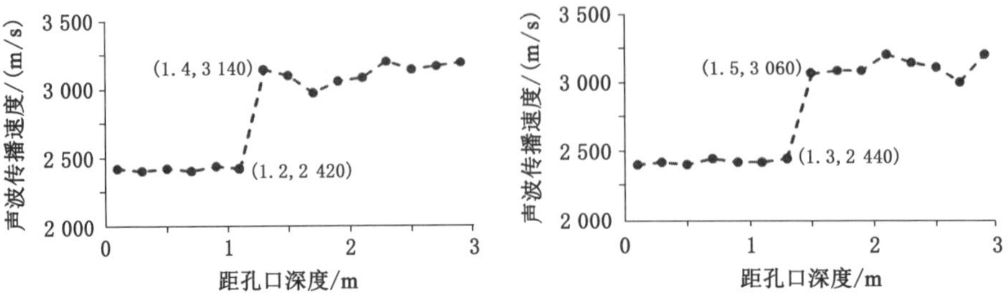

(g) 30 m处正帮测孔　(h) 30 m处负帮测孔

图 5-33(续)

22303 回风巷道围岩正帮主要受 22302 工作面采空区支承压力影响，负帮主要受 22303 工作面侧向支承压力影响，两次采动影响的作用在巷间煤柱中叠加，导致巷间煤柱应力环境恶化，巷帮煤体变形破坏严重，应力极值点转移至煤帮深部；巷道正帮围岩松动圈发育深度为 1.30～1.50 m，平均为 1.40 m；巷道负帮围岩松动圈发育深度为 1.10～1.20 m，平均为 1.13 m；22302 工作面采空区支承压力的影响强度大于 22303 工作面侧向支承压力，故巷道正帮围岩松动圈发育深度大于巷道负帮。22303 回风巷道重复采动围岩松动圈测试结果统计见表 5-4。

表 5-4　22303 回风巷道重复采动围岩松动圈发育深度测试结果统计表

测点位置	发育深度测试结果/m	
	正帮	负帮
距工作面 65 m	1.30	1.10
距工作面 50 m	1.50	1.20
距工作面 40 m	1.40	1.10
距工作面 30 m	1.40	1.10

22302 工作面采空区支承压力和 22303 工作面侧向支承压力在巷间煤柱叠加，两次采动的影响导致煤柱应力环境恶化，巷帮煤体变形破坏加剧，此时围岩最大主应力分布如图 5-34 所示，声波测试及数值模拟结果如图 5-35 所示。由图 5-34 和图 5-35 可知：

(1) 巷道正帮松动圈最大发育深度约为 1.10 m，巷道负帮松动圈最大发育深度约为 1.01 m。

(2) 数值计算的结果均小于现场实测的结果，但计算结果的规律与实测结果一致，即巷道正帮松动圈发育深度大于巷道负帮松动圈发育深度。

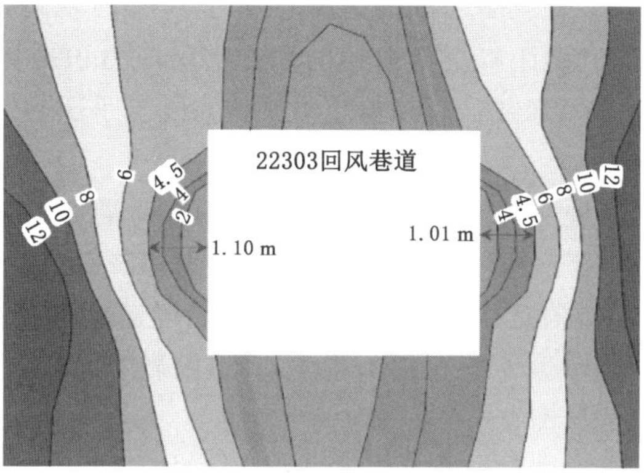

图 5-34　最大主应力分布图

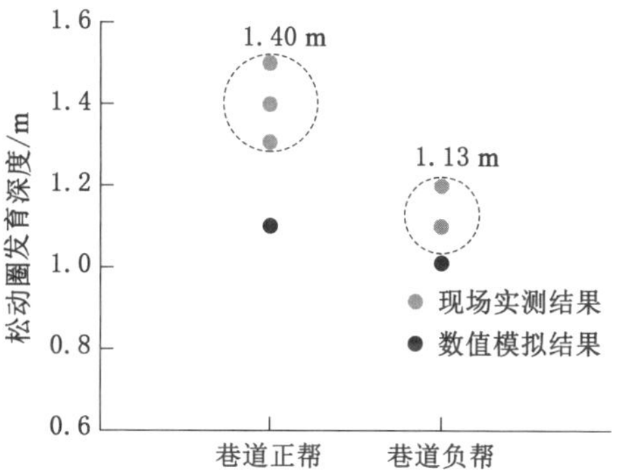

图 5-35　松动圈声波测试及数值模拟结果

(3) 巷道正帮松动圈发育深度大于巷道负帮松动圈发育深度，表明 22302 工作面开采对巷道围岩的损伤作用大于 22303 工作面开采。

5.5　本章小结

(1) 工作面超前支承压力影响范围约为 25 m，应力峰值点距煤壁 3.02 m，应力集中系数为 1.82。按照应力增量变化的趋势，将超前支承压力影响范围分为塑性区、应力陡增区、应力缓增区三个区域。塑性区宽约 3 m，此区内煤体均处于塑性破坏状态；应力陡增区宽约 7.5 m，此区内应力增量约为 3 MPa；应力缓增区宽约 15 m，此区内应力增量约为 0.5 MPa。在工作面超前支承压力影响范围内，煤体应力变化曲线可拟合为 $S=13.342x^{-0.302}$。

(2) 巷间煤柱内竖向应力呈马鞍形分布，支承压力随着距煤帮的距离先急剧增高，达到峰值点后先急后缓回落到原岩应力，煤帮内巷硐等采掘空间可改变一定范围的应力分布，但距离煤帮较近的采掘空间应力积聚峰值大于距离煤帮较远的采掘空间应力积聚峰值；同时，应力峰值点随支承压力影响程度的增高而逐渐深入煤帮内部。

(3) 煤柱坝体所处应力环境中矿山微震等动载荷最终以应力波的形式作用在煤体上，动载荷作用下的巷道围岩塑性区发育面积及发育深度显著增加，竖向应力积聚程度增大，极值点往煤帮纵深方向发展；随着动载荷烈度的增大，巷道围岩塑性区发育深度和发育面积逐渐增大，巷道围岩竖向应力极值逐渐增大，极值点逐渐向巷帮深处转移。

(4) 巷道围岩松动圈的分布反映出巷道围岩损伤的程度，与采场支承压力分布规律类似，巷道正帮松动圈发育深度小于巷道负帮松动圈发育深度，临近工作面的采动作用会加剧围岩松动圈发育。

第 6 章　水浸作用煤柱坝体渐进损伤演化规律

蓄水后的地下水库煤柱坝体处于复杂应力场和水浸作用并存的环境中，浸水后的煤体强度、弹性模量、黏聚力等影响煤体承载特性的力学参数发生显著变化，应力与渗流耦合作用下的煤柱坝体更易发生损伤破坏乃至溃决失稳。为研究水浸作用下煤柱坝体损伤破坏演化规律，本章根据地下水库所处的实际地质条件和地下水库使用情况，采用 UDEC 通用离散单元计算软件建立数值计算模型，研究复杂应力场下采掘空间围岩裂隙发育特征、煤柱坝体裂隙场与渗流场演化规律及水浸作用下煤柱坝体损伤破坏发育规律。

6.1　煤体水浸软化规律及数值反演

6.1.1　水浸作用下煤样强度弱化特征

国内学者针对水浸作用下煤体力学特性参数做了大量研究，摘录部分学者研究成果汇总见表 6-1。

表 6-1　煤体力学特性与含水率的关系研究现状

学者	研究变量	主要结论
刘忠锋等[108]	单轴抗压强度 σ_c	σ_c 随含水量增加而减小
	弹性模量 E	E 随注水压力增大而降低
闫立宏等[109]	单轴抗压强度 σ_c	σ_c随含水量增加而减小
	单轴抗拉强度 σ_t	σ_t随含水量增加而减小
潘立友等[110]	弹性模量 E	E 随含水量增加而减小且具时间效应
	孔隙率	孔隙率随含水量增加而增大
	泊松比 μ	泊松比 μ 随含水量增加而增大
齐学元[111]	剪切模量 K	K 随含水量增加而减小
	普氏系数 f	f 随含水量增加而减小

表 6-1(续)

学者	研究变量	主要结论
郭海防[112]	单轴抗压强度 σ_c	抗压强度 $\sigma_c=0.568\,2\eta^2-8.135\eta+40.73$
	弹性模量 E	弹性模量 $E=0.0359\,2\eta^2-0.416\,6\eta+2.007$
牛钦环[113]	内摩擦角 φ	内摩擦角 $\varphi=2.39e^{-0.17\eta}+37.24$
	黏聚力 c	黏聚力 $c=0.371e^{-0.12\eta}+0.889\,8$

郭海防[112]通过不同溶液浸泡煤样，得出煤样的抗压强度、弹性模量与煤样含水率呈非线性关系，如图 6-1(a)所示。牛钦环[113]通过含水煤样剪切试验，发现随煤样含水率的增加，煤样的黏聚力、内摩擦角均减小，且存在如图 6-2(b)所示的关系。此外还有一些学者研究了水浸作用下煤体损伤演化过程及破坏规律。秦虎等[114]对不同含水率煤岩进行了受压变形破坏全过程声发射特征试验，结果表明水对煤样的力学特性和声发射特征有明显影响。陈田等[115]研究了反复浸水对煤样的裂隙损伤作用，试验探究了矿区地下水库建立、隔水煤岩体留设相关问题以及煤样裂隙发育规律。

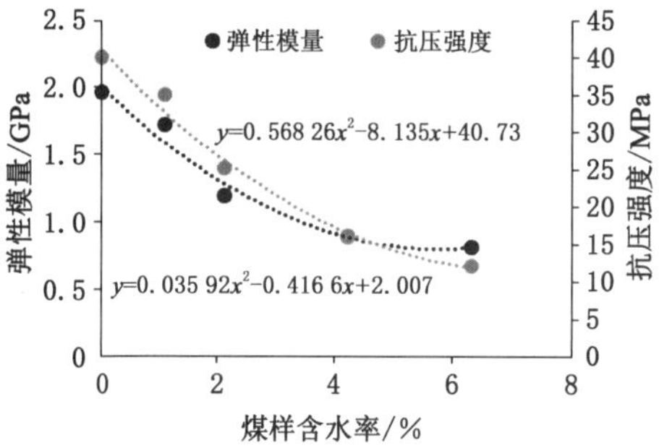

(a) 弹性模量、抗压强度与含水率关系

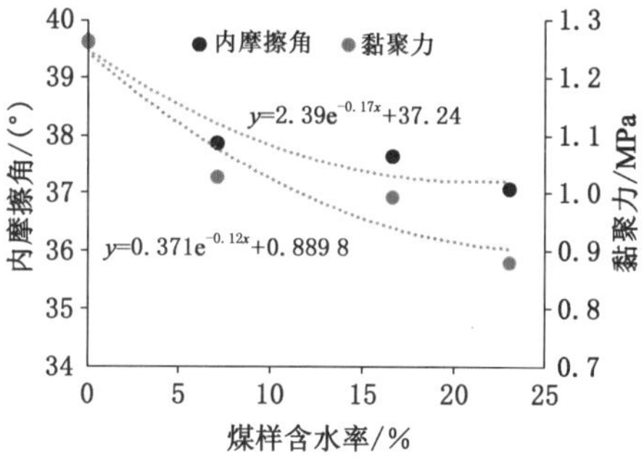

(b) 黏聚力、内摩擦角与含水率关系

图 6-1　煤样力学参数与含水率关系曲线

采用多项式模型进行的数据拟合结果，不利于对自变量范围外的变化趋势进行预测，基于图 6-1 显示的数据，采用指数函数模型进行拟合：

$$E=1.139\,9e^{-0.344\,4\eta}+0.612\,7 \tag{6-1}$$

$$\sigma_c=38.96e^{-0.223\,9\eta}+2.008 \tag{6-2}$$

式中　η——含水率。

煤样遇水强度降低的现象为水对煤的软化作用，采用弱化系数定义水对煤强度弱化的影响强度，根据图 6-1 和式(6-1)、式(6-2)，水浸作用下的煤样弹性模量、抗压强度、黏聚力、内摩擦角弱化规律如图 6-2 所示。

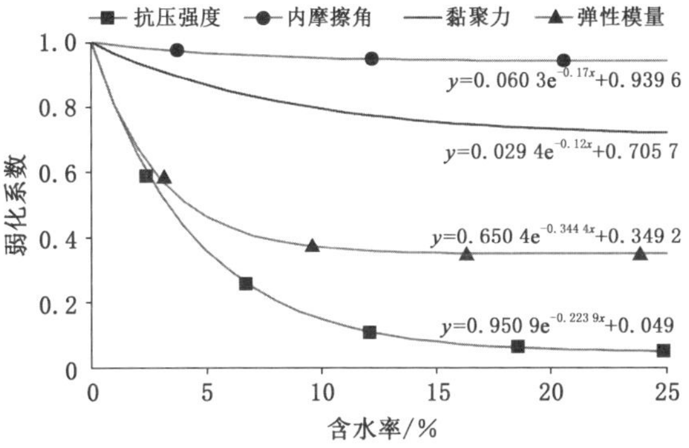

图 6-2　煤样强度弱化系数与含水率关系曲线

由图 6-2 可知：随煤样含水率增加，煤样的弹性模量、抗压强度、黏聚力、内摩擦角均发生不同程度的弱化，其中抗压强度弱化程度最高，弹性模量弱化程度次之，内摩擦角弱化程度最低；含水率从 0 增加到 8%的过程中对弹性模量的弱化作用更明显，含水率>8%后，弹性模量弱化系数保持稳定；含水率从 0 增加到 15%的过程中对抗压强度的弱化作用更为明显，此阶段后煤样抗压强度仅为干抗压强度的 5%。

即：

$$y_c = 0.060\ 3e^{-0.17\eta} + 0.939\ 6 \tag{6-3}$$

$$y_\varphi = 0.029\ 4e^{-0.12\eta} + 0.705\ 7 \tag{6-4}$$

$$y_E = 0.650\ 4e^{-0.344\ 4\eta} + 0.349\ 2 \tag{6-5}$$

$$y_{\sigma c} = 0.950\ 9e^{-0.223\ 9\eta} + 0.049 \tag{6-6}$$

式中　η——含水率；

y_c——内摩擦角弱化系数；

y_φ——黏聚力弱化系数；

y_E——弹性模量弱化系数；

$y_{\sigma c}$——抗压强度弱化系数。

6.1.2　煤样单轴压缩试验数值反演

为验证水浸作用下煤柱坝体数值计算模型参数是否可靠，建立宽为 50 mm、高为 100 mm 的 UDEC 单轴压缩计算模型，模型由 Voronoi 块体组成，上下两端为刚性加载板，块体单元采用莫尔-库仑破坏准则，节理采用莫尔-库仑滑移面强度准则，按照速度加载的方式进行试验，模型中心设置应力监测区域，监测模型加载过程中的应力-位移曲线。数值模型如图 6-3(a)所示，数值模拟所用力学参数见表 6-2，模拟结果如图 6-3(b)、(c)所示。

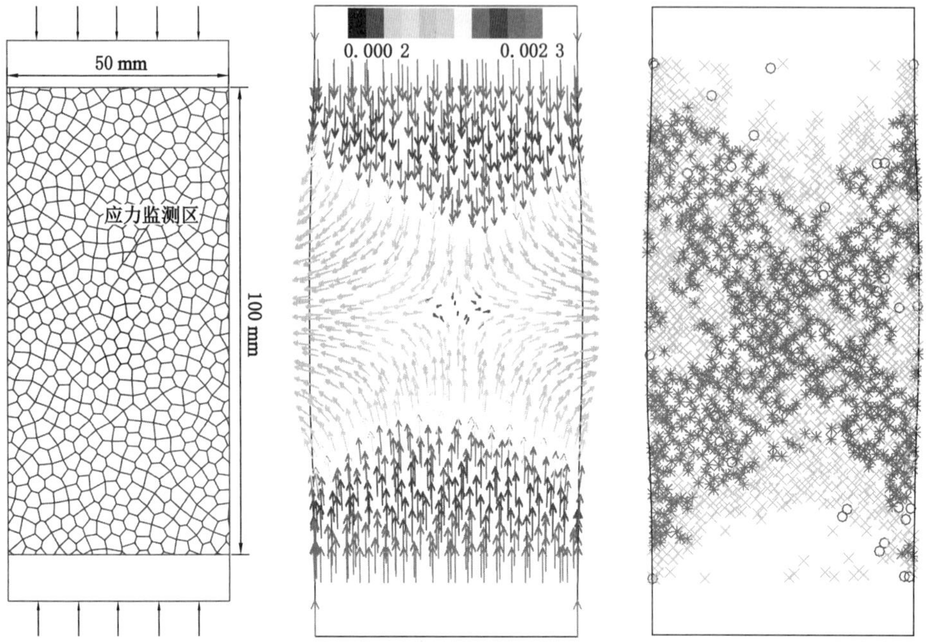

(a) 数值模型示意图　(b) 块体位移矢量分布　(c) 单元弹塑性状态

图 6-3　数值反演模型及模拟结果

表 6-2　数值模拟所用物理力学参数

容重 /(kN/m³)	弹性模量 E/GPa	剪切模量 K/MPa	抗拉强度 σ_t/MPa	黏聚力 c/MPa	内摩擦角 φ/(°)	泊松比 μ
15.00	14.00	3.00	0.30	1.80	25	0.22

如图 6-3(b)所示，在两端刚性加载板作用下，试件中心出现酥胀，试件靠近两端加载板的部分位移以竖直方向为主，试件中心部分位移以水平方向为主；如图 6-3(c)所示，除靠近加载板的部分区域外，加载后的试件整体处于塑性状态，且在试件中部形成“X”形共轭斜面剪切破坏带，表明试件的破坏主要受位移矢量变换面上剪切应力的影响。

如图 6-4 所示，UDEC 数值计算模型加载的应力-位移曲线与煤样单轴压缩试验应力-位移曲线变化规律一致，其中 UDEC 模拟结果对应的抗压强度为 7.17 MPa，煤样单轴压缩试验抗压强度为 6.85 MPa，两者差异较小，此时 UDEC 数值计算模型采用的物理力学参数及网格划分可近似地模拟煤样单轴压缩过程。

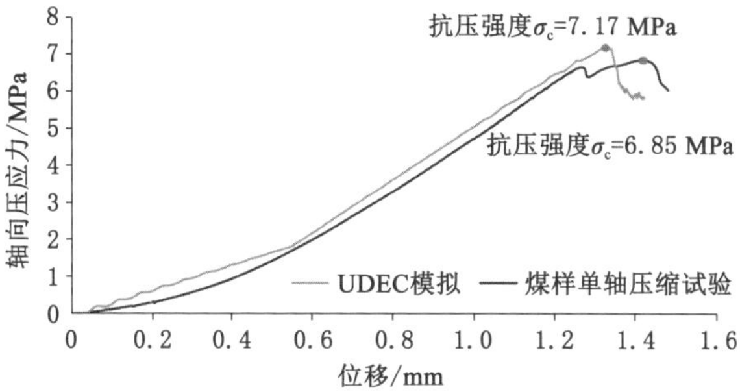

图 6-4　轴向压应力-位移曲线

为验证式(6-3)～式(6-6)煤样强度弱化系数与含水率关系函数是否可靠，将数值计算模型采用的物理力学参数分别代入对应公式，得到含水率为 5%时各项物理力学性质弱化系数，进而得到弱化后的物理力学参数，见表 6-3。以此参数进行数值计算，相应的轴向压应力-位移曲线如图 6-5 所示。

表 6-3　弱化后的物理力学参数

含水率 /%	容重 /(kN/m³)	弹性模量 E/GPa	剪切模量 K/MPa	抗拉强度 σ_t/MPa	黏聚力 c/MPa	内摩擦角 φ/(°)	泊松比 μ
0	15.00	14.00	3.00	0.30	1.80	25.00	0.22
5	15.00	6.52	1.40	0.11	1.74	21.68	0.22

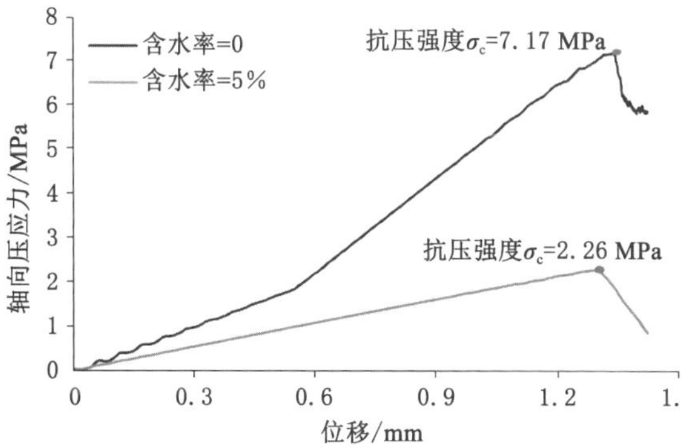

图 6-5　弱化后的轴向压应力-位移曲线

按照式(6-6)，含水率为5%时抗压强度弱化系数为0.359 4，对应的理论抗压强度σ_c=2.58 MPa。由图6-5可知，采用弱化后物理力学参数的数值计算抗压强度为2.26 MPa，与理论值相比偏小，认为煤样物理力学特性弱化系数与含水率关系函数较为可靠，可反映出含水率对物理力学特性影响的一般规律。

6.2 采场围岩裂隙、塑性区、渗流场分布特征

为研究工作面覆岩、煤柱坝体裂隙-渗流分布特征、水浸软化作用下煤柱坝体损伤演化规律，根据实际地质条件，建立如图6-6所示的UDEC数值计算模型。模型宽250 m、高180 m，分为12个地层，根据煤岩体物理力学特性和计算需求将岩层划分为不同大小的块体单元。

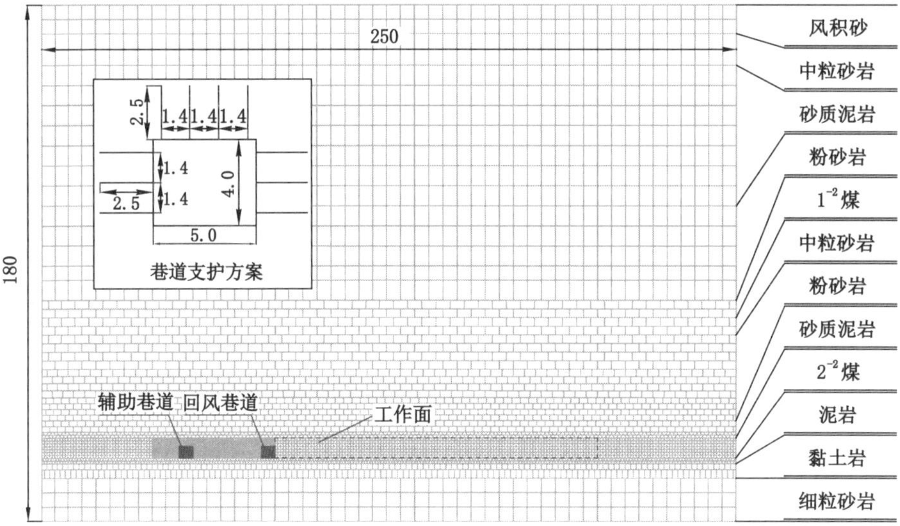

图6-6　煤柱坝体渗流-裂隙数值计算模型示意图(单位:m)

模型上部采用自由边界，左、右边界限制水平方向速度，下部边界限制竖直方向速度，模型块体单元采用莫尔-库仑强度准则，节理面接触的莫尔-库仑强度准则，模型各地层选取的物理力学参数见表5-1，设置重力加速度g=10 m/s^2，模量两端各留50 m保护煤柱。

模型左右边界和下边界均设置为不透水边界，根据地下水库储水现状，在采空的工作面辅助巷道巷帮设置24 kPa的水头压力。

6.2.1　工作面回采后岩层裂隙分布特征

工作面回采后采空区顶板岩层失去有效支撑，所处的应力环境由压应力状态过渡到拉应力状态，部分岩层岩石抗拉强度小，难以形成自稳结构，导致岩层垮冒破坏；垮落后的岩石因自身的碎胀特性填充采空空间，对上覆岩层起部分承载作用，同时采空区内破碎岩石重新压实。

如图6-7所示，采空区上方形成倒梯形的垮落带和导水裂隙带，其中垮落带发育高度约18.5 m，导水裂隙带发育高度可达86.9 m；采空区中间部分破碎岩石在上覆岩层重力作用下重新压实，导水裂隙带内部分裂隙重新闭合；上覆岩层中厚度为33 m的粉砂岩自身强度大，对其上方部分或全部岩层的运移破断起控制作用，为上覆岩层中的关键层，关键层与其下方岩层往往不会同步运动，在模型中距采空区高约63.9 m出现离层区。

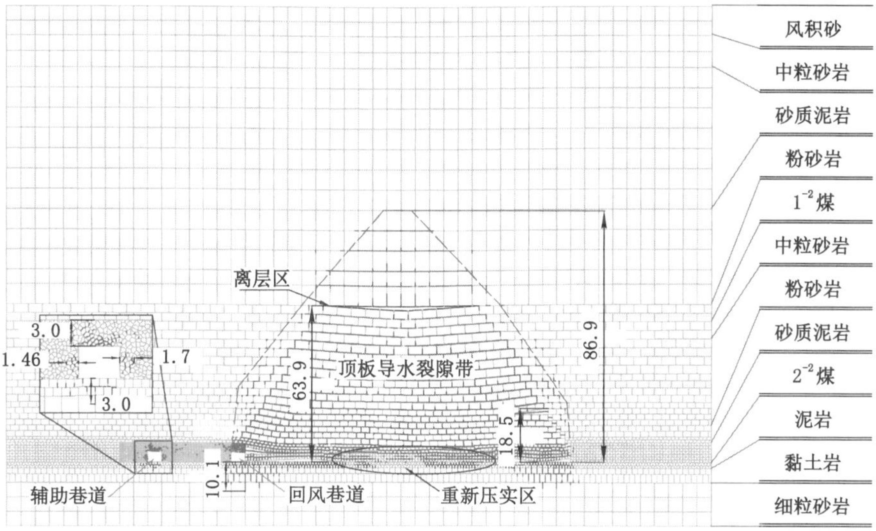

图6-7　工作面回采后岩层裂隙分布示意图(单位:m)

巷道掘进完成后，应力转移导致煤体破坏形成巷道围岩松动圈，松动圈内煤体形成相互贯穿的裂隙，模型中辅助巷道顶底板均出现约3.0 m的裂隙发育区，靠近巷间煤柱一侧的巷帮形成1.7 m的裂隙发育区，而实体煤一侧的煤帮裂隙发育区约1.46 m，略小于巷间煤柱一侧，与巷道围岩松动圈实测及数值模拟的规律保持一致。

6.2.2 工作面回采后煤柱坝体塑性区发育规律

工作面回采后煤柱坝体塑性区发育情况如图 6-8 所示，由图 6-8 可知：

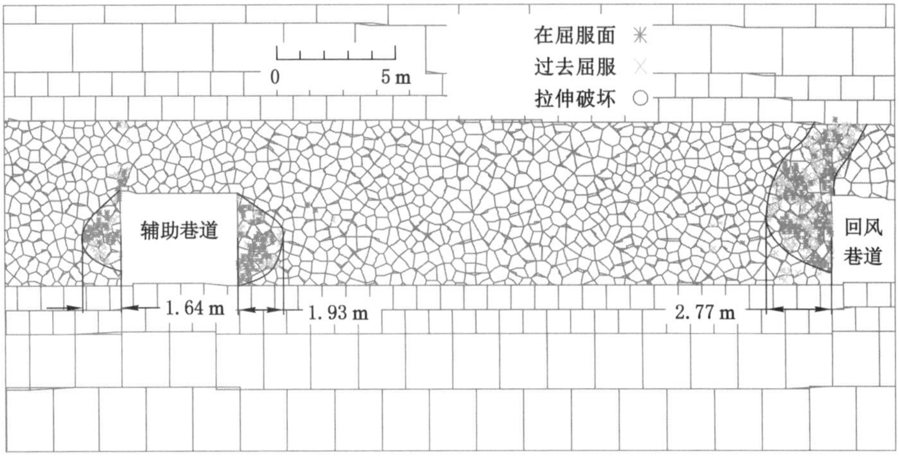

图 6-8　工作面回采后煤柱坝体塑性区分布示意图

(1) 巷道巷帮的煤壁中均出现中间凸两端凹的塑性区发育区，巷间煤柱中部零星分布部分塑性状态块体。

(2) 辅助巷道实体煤一侧塑性区发育深度约为 1.64 m，巷间煤柱一侧塑性区发育深度约为 1.93 m。

(3) 回风巷道巷间煤柱一侧塑性区发育深度约为 2.77 m，受顶板回转变形影响，巷帮上方的煤壁中形成塑性发育带。

(4) 随着距采空区距离的增加，巷帮塑性区的发育宽度逐渐减小，这与巷道围岩松动圈、巷帮裂隙带发育规律一致。

6.2.3 水库蓄水后煤柱坝体渗流场分布

由前文涉及的现场实测及数值模拟结果可知，巷道围岩体内存在大量相互导通、贯穿的裂隙，地下水库蓄水后，在静水压力作用下，水流沿着裂隙流入煤柱坝体内部，此时坝体内部渗流压力分布情况如图 6-9 所示，煤柱坝体内渗流压力场的分布呈三角形，最大渗流宽度约为 6.56 m；采动影响下的煤层底板分布有大量贯穿的裂隙，底板中最大渗流宽度约为 8.48 m，最大渗流深度约为 2.00 m。

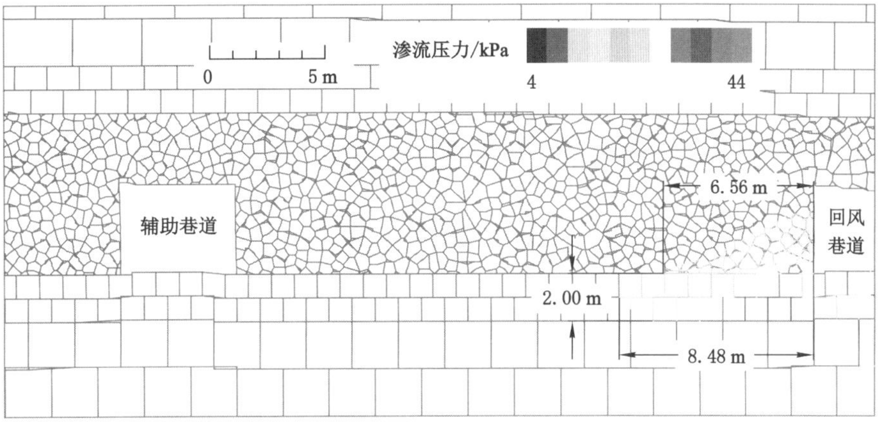

图 6-9 水库蓄水后煤柱坝体渗流场分布示意图

6.3 水浸软化作用下煤柱坝体损伤演化规律

蓄水后的地下水库煤柱坝体贯穿裂隙内被水充满，水对煤体存在润滑、软化、泥化等物理化学作用，而水对煤的软化是浸水后煤体损伤的重要原因之一，多数情况下浸水会加剧煤体的损伤劣化，在未考虑水浸对煤体软化作用的前提下所做的数值模拟仅能体现出力学因素作用下的煤体损伤劣化情况，为了充分探索水浸软化作用下煤柱坝体损伤劣化特征，需将煤体物理力学参数与含水率的关系实时地反馈到数值计算模型中，此条件下所得到的模拟结果可近似表征水浸作用下煤柱坝体损伤演化规律。

6.3.1 数值计算中含水率的表征方法

UDEC 数值模拟模型由块体单元和块体间的接触组成，如图 6-10 所示。在计算过程中，块体单元会随着所处应力环境的变化出现旋转、移动、变形等；而接触可能出现滑移和张开，张开的接触形成数值模拟中液体的渗流通道，若不考虑实际情况中煤与水的化学作用，在块体面积、密度不变的前提下，认为对于数值模拟中煤体的含水率的变化仅与煤体内接触的开度有关，如图 6-10 所示。

由图 6-10 可知，采动影响导致块体发生位移，其中 B_1 块体 C_2 接触相较于初始位置的法向位移为 d_1，B_2 块体 C_2 接触相较于初始位置的法向位移为 d_2，接触的长度为 l。此时块体位移形成的新的空间面积 $S=l(d_1+d_2)$，由于块体

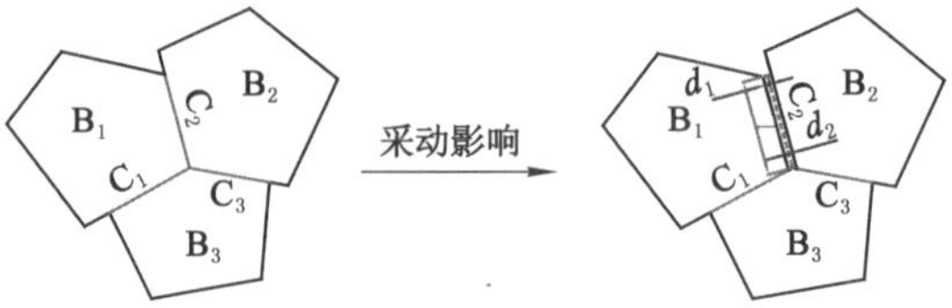

图 6-10　含水率的表征方法

间形成的新的空间，即煤体中的裂隙会被水充满，则可认为此时块体间新形成体积即水的体积，此时块体的含水率可表示为：

$$\eta = \frac{\rho_1(ld_1 + ld_2)}{\rho_1(ld_1 + ld_2) + \rho_2(V_{B1} + V_{B2} + V_{B3})} \tag{6-7}$$

式中　η——含水率，%；

ρ_1——渗流液体密度；

l——接触长度；

d_1，d_2——接触相对于初始位置的法向位移；

ρ_2——块体单元密度；

V_{B1}，V_{B2}，V_{B3}——块体单元面积。

在数值模拟应用中，为简便数据处理、提高含水率数值精度，将煤柱坝体划分为 1 m×1 m 的网格(如图 6-11 所示)。

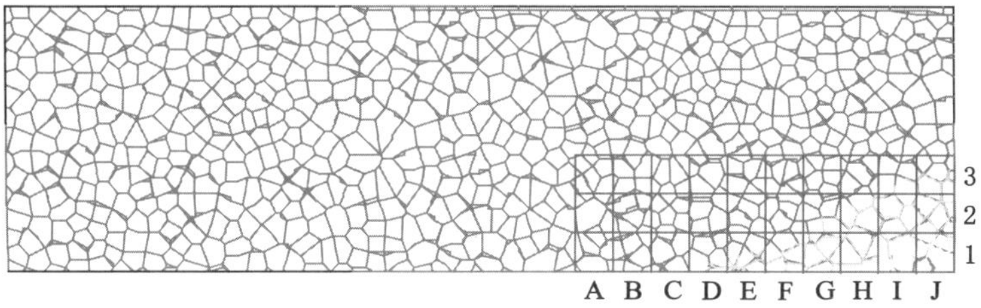

图 6-11　处理单元划分示意图

每个网格当作一个处理单元，通过数据处理获取此处理单元的含水率，以 F1 网格为例。F1 网格由 2547213、2535070、2540996、2549665、2559699、2558373、2560705、2549187、2538882 等 9 个块体的全部或部分，以及块体间接触组成。在 UDEC 中，使用“print block ID”命令索引到与块体相对应的接触 ID，使用“print contact ID”命令检索对应接触的长度和法向位移，对获取的块体单元及接触信息进行汇总，具体见表 6-4。

表 6-4　F1 处理单元块体及接触信息汇总表

块体 ID	块体面积 V/m^2	接触 ID	接触长度 l/m	法向位移 $d/10^{-3}$ m
2547213	0.1507	8110032	0.219 4	5.039 9
		2548431	0.431 6	5.427 0
		2548284	0.084 9	0.723 5
		2548607	0.476 3	5.561 0
		2548519	0.013 4	6.982 0
2535070	0.015 2	8100550	0.219 4	5.028 8
		8104822	0.146 3	6.664 0
2540996	0.034 9	8109856	0.146 3	6.661 0
		2541440	0.238 5	2.844 4
2549665	0.235 6	2548343	0.431 6	5.559 0
		2541075	0.238 5	3.514 4
		2550886	0.357 8	5.702 5
		8091739	0.496 7	9.131 3
2559699	0.061 2	2550844	0.357 8	8.061 6
		2558729	0.496 7	9.534 0
2558373	0.183 3	2548242	0.084 9	1.242 8
		2551033	0.496 7	7.361 3
		2558494	0.496 7	8.059 0
		2558641	0.470 7	7.375 0
		2549383	0.144 8	5.123 0
2560705	0.117 6	2558553	0.470 7	6.338 0
		2549471	0.300 7	1.250 8
2549187	0.153 3	2548607	0.476 3	5.561 0
		2549266	0.144 8	5.046 0
		2549005	0.300 7	2.030 6
		2540361	0.200 2	0.809 5
2538882	0.001 0	2540420	0.013 4	6.342 0
		2540319	0.200 2	0.810 1
$\sum V/m^2$	0.952 8	$\sum ld/m^2$	0.0472	

此时，处理单元含水率 η_{F1} 可表示为：

$$\eta_{F1}=\frac{\rho_1\sum ld}{\rho_1\sum ld+\rho_2\sum V} \tag{6-8}$$

式中 η_{F1}——处理单元块体 F1 的含水率，%；

ρ_1——渗流液体的密度；

ρ_2——块体单元密度；

$\sum ld$——处理单元中空隙面积之和；

$\sum V$——处理单元中块体面积之和。

则 $\eta_{F1}=4.72\%$。

将计算所得的水浸软化后的物理力学参数赋给计算单元块体 F1，同时按照同样的处理方法，分别计算出其他 29 个处理单元的含水率，确定相应的力学性质弱化参数，得到对应的水浸弱化后的物理力学参数(表 6-5)，分别赋给相应的计算单元块体，计算至模型最大不平衡力趋近于平衡状态时，处理流程如图 6-12 所示。

表 6-5 F1 处理单元弱化后的物理力学参数

含水率 /%	容重 /(kN/m³)	弹性模量 E/GPa	剪切模量 K/MPa	抗拉强度 σ_t/MPa	黏聚力 c/MPa	内摩擦角 φ/(°)	泊松比 μ
0	15.00	14.00	3.00	0.30	1.80	25.00	0.22
4.72	15.00	6.69	1.43	0.11	1.74	21.82	0.22

对于模型中渗流孔径发生显著变化的处理单元数据进行处理，获取新的平衡条件下处理单元的含水率及相应的力学性质弱化参数，重新赋值后再次将模型最大不平衡力计算至趋于平衡状态。

6.3.2 水浸软化作用下煤柱坝体塑性区发育规律

经过二次水浸软化后煤柱坝体塑性区分布示意如图 6-13 所示。

对模型中煤柱坝体物理力学参数进行弱化处理后，辅助巷道两帮塑性区呈中间凸两端凹的半月形分布，其中实体煤一侧的巷帮塑性区发育深度约为 1.85 m，相较于弱化前增加了 0.21 m；巷间煤柱一侧的巷帮塑性区发育深度约为 2.25 m，相较于弱化前增加了 0.32 m。

回风巷道巷帮塑性区呈底端深、上端浅的靴形分布，其“靴底”塑性区发育深度最大，为 8.25 m，相较于弱化前增加了 5.48 m；水浸弱化的区域均分布在渗流影响范围内的回风巷道巷帮一侧，受渗流场分布特性影响，煤柱下方弱化区域的面积、深度均较大，导致下方煤体更易发生塑性破坏，裂隙发育程度加剧，进而

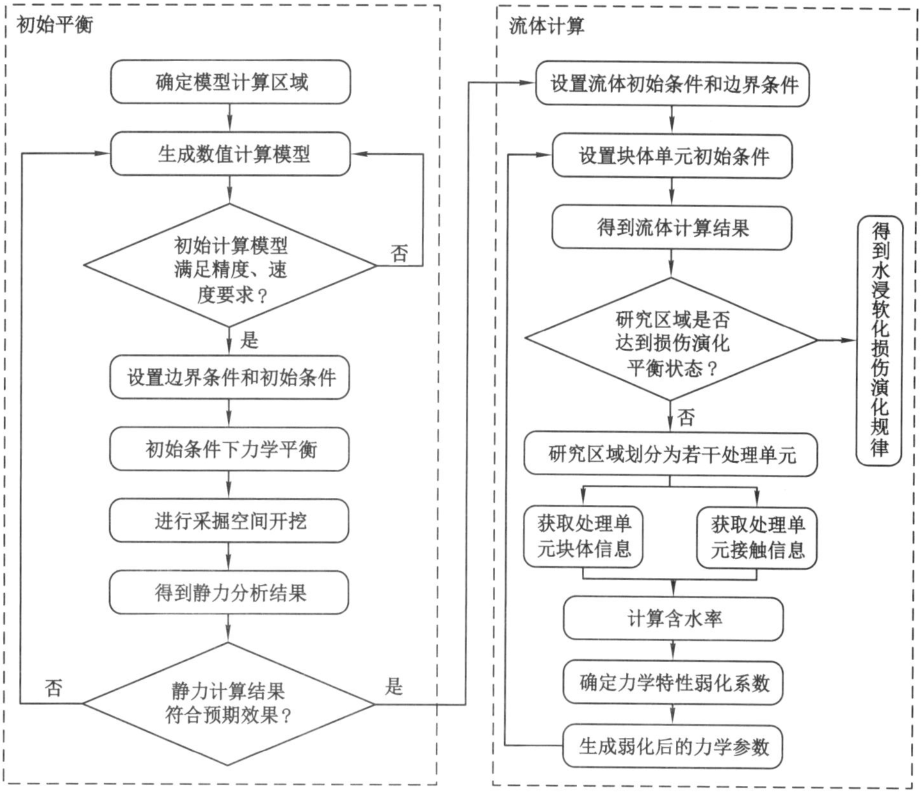

图 6-12　水浸软化计算流程图

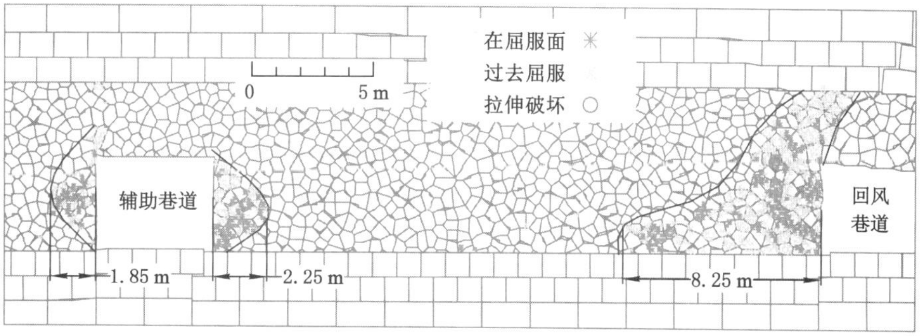

图 6-13　水浸软化后煤柱坝体塑性区分布示意图

引起渗流场向煤柱深部扩展，同时使煤柱深部未受水浸影响的煤体发生水浸弱化，进一步加剧了塑性区、导水裂隙带的发育。

水浸后的煤体强度降低，更易发生破坏而失去承载作用，从而引起应力向煤体深部转移，恶化了采掘空间围岩的应力环境，加剧了采掘空间围岩体的损伤程度，这一点从软化后巷帮塑性区发育宽度及发育宽度的增量随着深入煤壁而逐渐减小上得到印证。

6.3.3 水浸软化后煤柱坝体渗流场分布

经过二次水浸软化后煤柱坝体渗流场分布示意如图 6-14 所示。

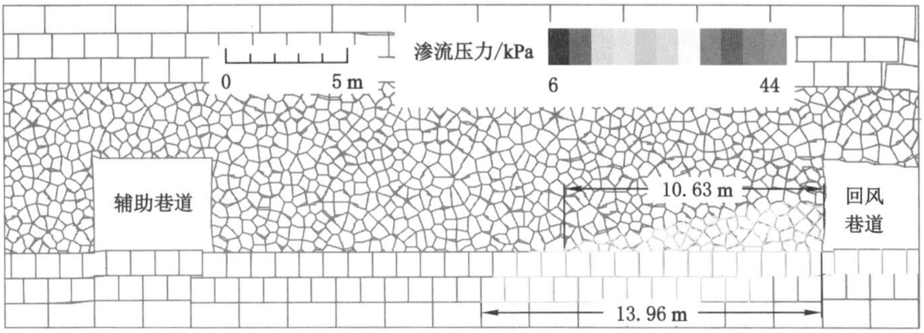

图 6-14 水浸软化后煤柱坝体渗流场分布示意图

水浸软化后，煤柱坝体内渗流压力场呈三角形分布，最大渗流宽度约为 10.63 m，相较于弱化前增加了 4.07 m；煤层底板内最大渗流宽度约为 13.96 m，相较于弱化前增加了 5.48 m。

弱化后的煤柱坝体损伤程度加剧，发育出更多相互贯穿的裂隙，流体向煤壁深处流动，原未受水浸影响的煤体开始发生弱化，进一步减小了煤柱坝体有效承载区域，应力环境得到恶化，受应力环境恶化和有效承载能力减小的共同影响，煤柱坝体损伤程度加剧，导水裂隙向煤体深部发育。

6.4 本章小结

(1) 工作面回采后，采空区上方形成的倒梯形垮落带和导水裂隙带分别为 18.5 m 和 86.9 m，距煤层顶板 63.9 m 的厚硬粉砂岩下方形成离层区；辅助巷道顶底板均出现约 3.0 m 的裂隙发育区，实体煤一侧巷帮裂隙发育区宽度约为 1.46 m、塑性区发育宽度约为 1.64 m，煤柱一侧巷帮裂隙发育区宽度约为 1.7 m、塑性区发育宽度约为 1.93 m；实体煤侧围岩损伤程度小于巷间煤柱侧，与松动圈测试结果一致。

(2) 提出了一种数值模拟含水率的表征方法，并使用 UDEC 数值模拟软件得以验证。提取数值计算模型中块体单元和接触数据，假设计算过程中块体面积、密度不发生变化，认为模型所表征的含水率仅与接触的开度有关。水浸软化处理后的数值计算模型结果相较于原计算结果，煤柱坝体塑性区发育深度、渗流场分布范围均有较大差异，水浸软化处理后的结果更符合水浸条件下煤柱坝体损伤的一般规律。

(3) 水浸软化处理前后的煤柱坝体内渗流压力场分布均呈三角形分布，但煤柱内最大渗流宽度由6.56 m增加到10.63 m，煤层底板内最大渗流宽度由8.48 m增加到13.96 m，增量分别为4.07 m和5.48 m；水浸软化处理后煤柱两帮塑性区呈半月形分布，其中辅助巷道两帮塑性区发育宽度分别为1.85 m和2.25 m，回风巷道巷帮塑性区发育宽度为8.25 m，相较于水浸弱化处理前分别增加了0.21 m、0.32 m和5.48 m。

(4) 受渗流场分布特性影响，水浸弱化的区域均分布在渗流影响范围内的回风巷道巷帮一侧，弱化后的煤柱坝体损伤程度加剧，发育出更多相互贯穿的裂隙，进而引起渗流场向煤柱深部扩展，同时使煤柱深部未受水浸影响的煤体发生水浸弱化，使得煤柱坝体损伤程度进一步加剧。

第7章 煤柱坝体合理宽度留设及稳定性控制

煤柱坝体稳定性是地下水库工程安全运行的核心问题。处于复杂应力和水浸作用并存环境下的煤柱坝体若过小易产生损伤破坏乃至溃决失稳，而留设大尺寸的煤柱坝体势必占用大量煤炭资源[116-119]。为在保证系统安全的前提下降低煤柱坝体尺寸，减少资源占用，本章通过弹塑性平衡理论分析，计算煤柱坝体塑性区和弹性区临界宽度，采用UDEC数值模拟软件，研究了不同留设宽度下煤柱坝体的裂隙场、渗流场发育特征，确定了合理的煤柱坝体留设宽度范围，并针对影响坝体稳定性的关键因素提出了相应的控制技术。

7.1 煤柱坝体合理留设宽度理论计算

按照弹塑性状态，煤柱坝体可分为外侧塑性区（邻近采空区侧）、弹性核区和内侧塑性区（邻近辅助巷道煤帮侧）。为保证地下水库蓄水后的系统安全性，对煤柱坝体在重复采动影响下的稳定性有较高的要求，即重复采动作用下，塑性区向煤柱内部拓展，为满足坝体隔水的需求，煤柱坝体内部需至少维持一定宽度的弹性核区，且需考虑煤体的水浸软化现象，确保煤柱坝体在复杂的应力环境和长期的水浸状态下仍能保持稳定。

7.1.1 外侧塑性区发育宽度计算

煤柱坝体塑性区发育特征与煤柱坝体内应力分布密切相关，可将塑性区发育特征简化为平面应力-应变问题。为简便计算，认为煤体是连续均匀介质，未达到屈服破坏状态的煤体为线弹性体，且位移和变形都是微小的；假设煤柱坝体仅受上覆岩层的自重应力，不考虑构造应力对其应力分布的影响。

煤柱坝体内任一点的应力分量存在如下关系：

$$\begin{cases} \sigma_x = \dfrac{\beta k\gamma H\cos\alpha}{d_1}x \\ \sigma_y = -\dfrac{k\gamma H\cos\alpha}{d_1^2}x^2 \\ \tau_{xy} = -\dfrac{\beta k\gamma H\cos\alpha}{d_1}y \end{cases} \tag{7-1}$$

式中　σ_x——煤柱坝体一点所受应力的水平应力分量；

σ_y——煤柱坝体一点所受应力的竖向应力分量；

β——应力峰值点侧压系数，$\beta=\mu/(1-\mu)$；

k——采动影响下应力集中系数；

α——煤层倾角；

γ——上覆岩层平均容重；

H——煤层埋深；

d_1——塑性区发育宽度。

由于最大主应力和最小主应力可表示为 $\sigma_{1,3}=\dfrac{\sigma_x+\sigma_y}{2}\pm\sqrt{\left(\dfrac{\sigma_x-\sigma_y}{2}\right)^2+\tau_{xy}^2}$，且根据莫尔-库仑准则，$\sigma_1=\dfrac{1+\sin\varphi_0}{1-\sin\varphi_0}\sigma_3+\dfrac{2c\cos\varphi_0}{1-\sin\varphi_0}$，则此时塑性区发育宽度 d_1 为：

$$d_1=\frac{0.5\beta k\gamma HM\cos\alpha}{\sqrt{[0.5(\beta+1)\sin\varphi_0 k\gamma H\cos\alpha+c\cos\varphi_0]^2-\left(\dfrac{1-\beta}{2}k\gamma H\cos\alpha\right)^2}} \tag{7-2}$$

式中　M——工作面采高；

φ_0——煤体的内摩擦角；

c——煤体的黏聚力。

由式(7-2)可知，煤柱坝体外侧塑性区发育高度除了与煤体内摩擦角、黏聚力等自身属性，以及煤层埋深、以及煤层倾角、上覆岩层平均容重、工作面采高等客观条件有关外，还与采动影响下应力集中系数有关，而且煤柱坝体所具备的自身属性和客观条件不会受重复采动影响。即重复采动对煤柱坝体塑性区发育宽度的影响是通过应力变化作用的，且塑性区发育宽度与应力变化规律无关，仅受平衡状态下应力状态的影响。采动影响下应力集中系数 $k=k_1k_2$，k_1 为一次采动应力集中系数，k_2 为重复采动应力集中系数，由巷间煤柱动态应力变化规律可知，$k_1=2.90$，$k_2=1.12$，则 $k\approx3.25$。将 $\mu=0.22$，$k=3.25$，$\gamma=22.00\ \mathrm{kN/m^3}$，$H=150\ \mathrm{m}$，$M=7\ \mathrm{m}$，$\alpha=0°$，$\varphi_0=25°$，$c=1.81\ \mathrm{MPa}$ 代入式(7-2)，经计算，重复采动作用下煤柱坝体外侧塑性区发育宽度 $d_1=4.32\ \mathrm{m}$。

7.1.2 弹性核区临界宽度计算

发生塑性破坏的煤体将失去部分或全部承载能力，煤柱坝体的承载能力多由内、外塑性区内的弹性核区承担，煤柱坝体中弹性核区按照应力分布规律分为应力陡增区和应力缓增区，处于不同区域的煤体应力环境差异较大。在进行煤柱坝体弹性核区临界宽度计算时，按照所受支承压力影响的程度，将煤柱坝体弹性核区分为高应力弹性核区和缓应力弹性核区，相对应的临界宽度分别为 L_{e1} 和 L_{e2}。对于煤柱坝体弹性核区内任一点，其应力状态的水平方向、竖直方向和剪切应力可表示为：

$$\begin{cases}\sigma_x = \dfrac{(k-1)\beta\gamma H\cos\alpha}{L_{e1}}x + \beta k_1\gamma H\cos\alpha \\ \sigma_y = -\left[\dfrac{(k-1)\gamma H\cos\alpha}{L_{e1}^2}x^2 - \dfrac{2(k-1)\gamma H\cos\alpha}{L_{e1}^2}x + k_1\gamma H\cos\alpha\right] \\ \tau_{xy} = -\dfrac{(k_1-1)}{L_{e1}}y\beta\gamma H\cos\alpha\end{cases} \tag{7-3}$$

由于最大主应力和最小主应力可表示为 $\sigma_{1,3}=\dfrac{\sigma_x+\sigma_y}{2}\pm\sqrt{\left(\dfrac{\sigma_x-\sigma_y}{2}\right)^2+\tau_{xy}^2}$，即弹性核区内任一点的主应力状态为：

$$\sigma_{1,3} = \frac{\beta+1}{2}k\gamma H\cos\alpha \pm \sqrt{\left(\frac{1-\beta}{2}k\gamma H\cos\alpha\right)^2 + \left(\frac{k-1}{L_{e1}}\beta\gamma HM\cos\alpha\right)^2} \tag{7-4}$$

根据莫尔-库仑准则，最大主应力与最小主应力的关系可表示为 $\sigma_1=\dfrac{1+\sin\varphi_0}{1-\sin\varphi_0}\sigma_3+\dfrac{2c\cos\varphi_0}{1-\sin\varphi_0}$，则此时高应力弹性核区宽度 L_{e1} 为：

$$L_{e1} = \frac{(k_1-1)\beta\gamma HM\cos\alpha}{2\sqrt{\left[\dfrac{(\beta+1)\sin\varphi_0}{2}k_1\gamma H\cos\alpha + c\cos\alpha\right]^2 - \left(\dfrac{1-\beta}{2}k_1\gamma H\cos\alpha\right)^2}} \tag{7-5}$$

缓应力弹性核区宽度 L_{e2}：

$$L_{e2} = \frac{(k_2-1)\beta\gamma HM\cos\alpha}{2\sqrt{\left[\dfrac{(\beta+1)\sin\varphi_0}{2}k_2\gamma H\cos\alpha + c\cos\alpha\right]^2 - \left(\dfrac{1-\beta}{2}k_2\gamma H\cos\alpha\right)^2}} \tag{7-6}$$

将 $\mu=0.22$，$k_1=2.90$，$k_2=1.12$，$\gamma=22.00\ \mathrm{kN/m^3}$，$H=150\ \mathrm{m}$，$M=7\ \mathrm{m}$，$\alpha=0°$，$\varphi_0=25°$，$c=1.81\ \mathrm{MPa}$ 分别代入式(7-5)和式(7-6)中，经计算，重复采动作用下煤柱坝体高应力弹性核区宽度 $L_{e1}=2.70\ \mathrm{m}$，缓应力弹性核区宽度 $L_{e2}=$

2.19 m。则重复采动作用下煤柱坝体弹性核区宽度 $d_2 = L_{e1} + L_{e2} = 4.89$ m。

7.1.3 内侧塑性区发育宽度计算

按照巷道围岩弹塑性状态，可将围岩分为松散破碎区、塑性区、弹性区和原岩应力区。对于巷道围岩应力积聚影响范围内的任一点，其径向应力 σ_r 和切向应力 σ_θ 可表示为：

$$\begin{cases} \sigma_r = (p_i + c_0 \cot \varphi_0) \dfrac{r}{r_0} \cdot \dfrac{2\sin \varphi_0}{1 - \sin \varphi_0} - c_0 \cot \varphi_0 \\ \sigma_\theta = (p_i + c_0 \cot \varphi_0) \dfrac{1 + \sin \varphi_0}{1 - \sin \varphi_0} \cdot \dfrac{r}{r_0} \cdot \dfrac{2\sin \varphi_0}{1 - \sin \varphi_0} - c_0 \cot \varphi_0 \end{cases} \tag{7-7}$$

式中　σ_r——围岩应力积聚范围内任一点的径向应力；

σ_θ——围岩应力积聚范围内任一点的切向应力；

p_i——巷道支护的支护强度；

p_0——巷道所处环境的原岩应力。

为简化计算，将矩形断面巷道等效为圆形断面巷道，则其等效巷道半径 r_0 为：

$$r_0 = \sqrt{b/2 + (a/2)^2} \tag{7-8}$$

式中　b——巷道宽度；

a——巷道高度。

由于应力是连续的，根据应力分布规律，围岩内弹塑性区的交界处应力值均相等，且在分界线上任一点的径向应力 σ_r 和切向应力 σ_θ 之和等于 2 倍的原岩应力，则巷道围岩塑性区(内侧塑性区)发育半径可表示为：

$$d_3 = r_0 \left[\frac{p_0 + c_0 \cot \varphi_0}{p_i + c_0 \cot \varphi_0} (1 - \sin \varphi_0) \right]^{\frac{1 - \sin \varphi_0}{2\sin \varphi_0}} \tag{7-9}$$

将 $b=5$，$a=4$，$\varphi_0=25°$，$c_0=1.81$ MPa，$p_0=4.23$ MPa，$p_i=0.5$ MPa 代入公式，经计算，重复采动作用下煤柱坝体内侧塑性区发育宽度 $d_2=2.58$ m。

根据式(7-2)、式(7-5)、式(7-6)、式(7-9)的计算结果，煤柱坝体的留设宽度 $d \geqslant d_1 + d_2 + d_3 = 4.32 + 4.89 + 2.58 = 11.79$ m，即理论计算确定最小煤柱宽度应不小于 12 m。

7.2 煤柱坝体合理留设宽度数值模拟

为了确定合理的煤柱坝体留设宽度范围，在理论计算的基础上，结合煤体水浸软化特征，采用 UDEC 模拟软件，制定不同留设宽度的煤柱坝体模拟方案，研究不同方案的煤柱坝体损伤情况和渗流场分布特征，为浅埋煤层地下水库煤柱坝体合理留设宽度提供参考。

7.2.1 数值计算模型方案制定

根据理论计算，未考虑水浸软化作用的煤柱坝体留设宽度至少需 12 m，现场留设的煤柱坝体宽度为 25 m。由前文可知，现场留设的 25 m 煤柱可满足复杂应力环境和水浸状态下的煤柱坝体稳定性需求，且富有一定余量，则符合煤柱坝体稳定性需求的临界尺寸范围为 12～25 m。

为缩小煤柱坝体临界尺寸范围，在水浸软化作用下煤柱坝体模拟方案(煤柱坝体留设宽度为 25 m)的基础上，分别调整煤柱坝体留设宽度为 12 m、18 m、20 m，分析不同留设宽度时塑性区发育特征和渗流场分布规律，确定合理的煤柱坝体留设尺寸范围。

7.2.2 不同方案煤柱坝体塑性区发育特征

煤柱留设宽度的改变引起围岩应力场的重新分布，进而导致煤柱塑性区和导水裂隙带分布情况发生变化，不同留设宽度的煤柱塑性区分布情况如图 7-1 所示。由图 7-1 可知：

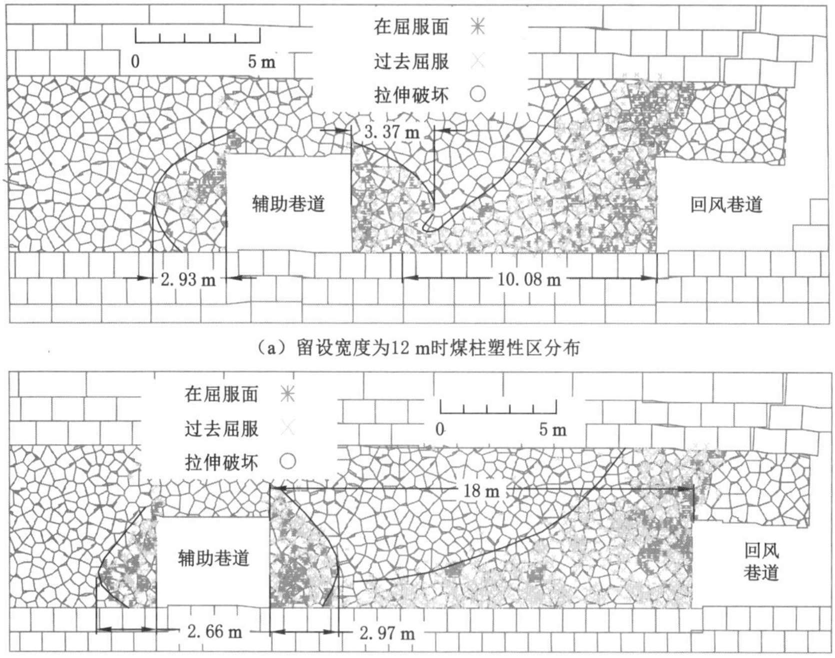

(a) 留设宽度为12 m时煤柱塑性区分布

(b) 留设宽度为18 m时煤柱塑性区分布

图 7-1　不同留设宽度煤柱塑性区分布

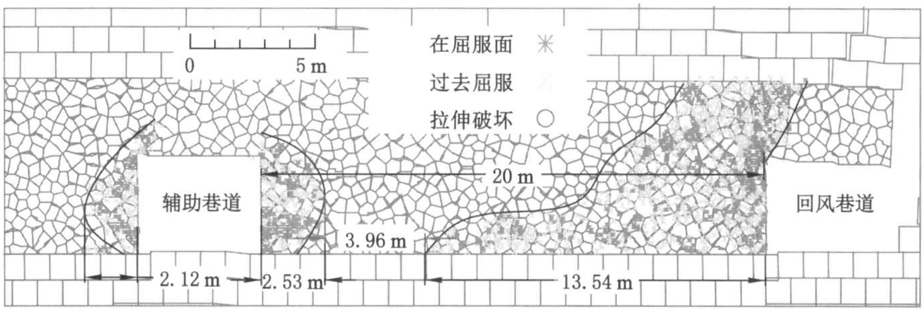

(c) 留设宽度为20 m时煤柱塑性区分布

图 7-1(续)

(1) 当煤柱留设宽度为 12 m 时,辅助巷道塑性区呈两端窄、中间宽的半月形分布,其中实体煤帮塑性区发育宽度约为 2.93 m,巷间煤柱侧发育宽度约为 3.37 m;回风巷道巷间煤柱侧塑性区发育上窄下宽,其底部最宽可达 10.08 m,与辅助巷道巷间煤柱侧塑性区发育范围重合。

(2) 当煤柱留设宽度为 18 m 时,辅助巷道塑性区呈两端窄、中间宽的半月形分布,其中实体煤帮塑性区发育宽度约为 2.66 m,巷间煤柱侧发育宽度约为 2.97 m;回风巷道巷间煤柱侧塑性区发育上窄下宽,塑性区底部与辅助巷道巷间煤柱侧塑性区下部重合。

(3) 当煤柱留设宽度为 20 m 时,辅助巷道塑性区呈两端窄、中间宽的半月形分布,其中实体煤帮塑性区发育宽度约为 2.12 m,巷间煤柱侧发育宽度约为 2.53 m;回风巷道巷间煤柱侧塑性区发育上窄下宽,其底部最宽可达 13.54 m,与辅助巷道巷间煤柱侧塑性区间存在宽约 3.96 m 的弹性核区。

7.2.3　不同方案煤柱渗流场分布规律

煤柱留设宽度的改变引起围岩应力场的重新分布,进而导致煤柱塑性区和导水裂隙带分布情况发生变化,不同留设宽度的煤柱渗流场分布情况如图 7-2 所示。

煤柱内渗流压力场均呈三角形分布。当煤柱留设宽度为 12 m 时,最大渗流宽度约为 10.35m;当煤柱留设宽度 18 m 时,最大渗流宽度为 10.45 m。煤柱留设宽度的变化引起渗流宽度变化较小,即当煤柱留设宽度大于 12 m 时,煤柱即可发挥挡水的功效。

7.2.4　地下水库煤柱坝体长期稳定运行安全评价

依据煤矿地下水库煤柱坝体的构建思路和设计方案,不同尺寸的预留煤柱

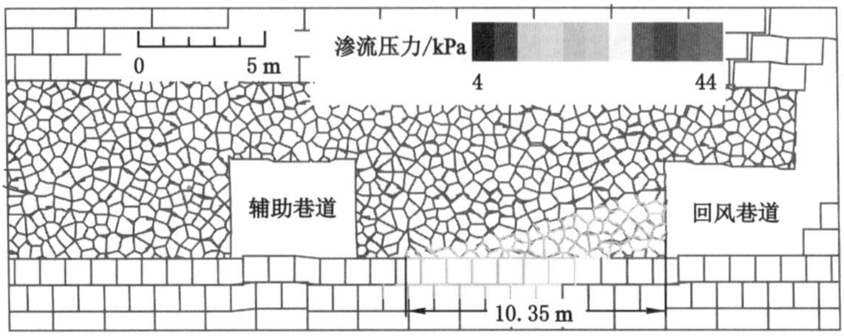

(a) 留设宽度为12 m时煤柱渗流场分布

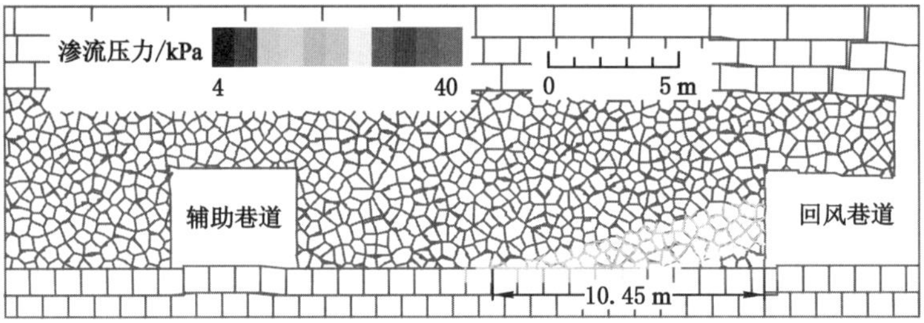

(b) 留设宽度为18 m时煤柱渗流场分布

图 7-2　不同留设宽度煤柱渗流场分布

既关系采煤工作面的安全开采，又涉及采空区水库工程的稳定运行，针对此问题开展了上述应力-水浸环境下地下水库煤柱坝体损伤规律研究以及临界尺寸模拟，获得多重应力和水浸作用条件下的煤柱宽度临界值。结合研究结论和工程实践对地下水库煤柱坝体的长期稳定运行安全做出以下评价。

1. 应力-水浸作用下煤柱坝体损伤破坏失稳

当工作面回采期间的预留煤柱体系小于临界尺寸 12 m 时，仅满足工作面回采任务的前提下，此时构建的煤矿水库煤柱坝体工程难以承受开采扰动应力渐进损伤后的库容水体的长期侵蚀作用，导致煤柱在回采强矿压作用下出现大变形、塑性区发育、破裂区扩张等状况，短时间内储存水体快速运移至损伤区域，煤柱强度弱化、裂隙扩展增大，最终诱发煤柱发生失稳破坏，如图 7-3 所示。

2. 应力-水浸作用下煤柱坝体临界稳定平衡

当工作面回采期间的预留煤柱体系等于临界尺寸 12 m 时，不但满足工作面回采任务的要求而且有效控制回采巷道的最大变形，使其在最大变形期间可作为下一工作面的辅助回采巷道。虽然采动应力-水浸损伤同时作用，但足以达到煤矿水库工程堵截采空区水体的效果；同时封存水体随时间推移，依旧向煤柱塑性区内侵蚀、劣化矿物组分和物理力学性质，故临界尺寸煤柱仅可满足短时间内的水体储存。临界尺寸煤柱坝体极限稳定储水情况如图 7-4 所示。

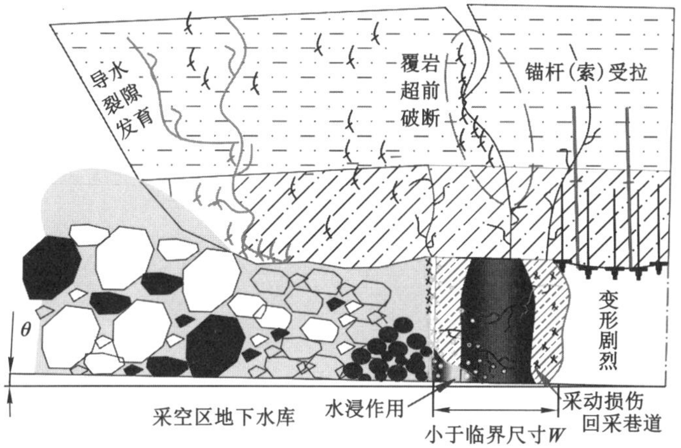

图 7-3　小尺寸煤柱坝体损伤破坏失稳

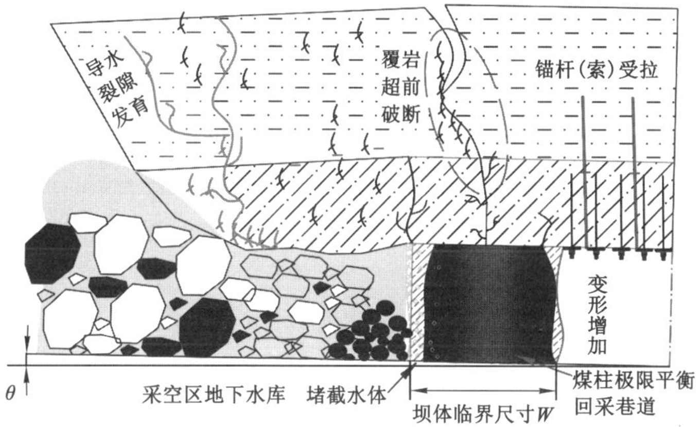

图 7-4　临界尺寸煤柱坝体极限稳定储水

3. 应力-水浸作用下煤柱坝体安全储水利用

当工作面回采期间的预留煤柱体系大于临界尺寸 12 m 时(即为 1.5 倍临界尺寸),地下水库煤柱坝体能够安全储水利用,此时库容水体体积增大,回采巷道变形较小,超前支承压力累积损伤作用弱化,煤柱坝体的弹性核区范围增大,故大尺寸煤柱坝体满足采空区水库的安全储水利用要求。大尺寸煤柱坝体安全储水利用如图 7-5 所示。

4. 应力-水浸作用下煤柱坝体长期稳定运行

当工作面回采期间的预留煤柱体系大于临界尺寸 12 m 时(即为 2 倍临界尺

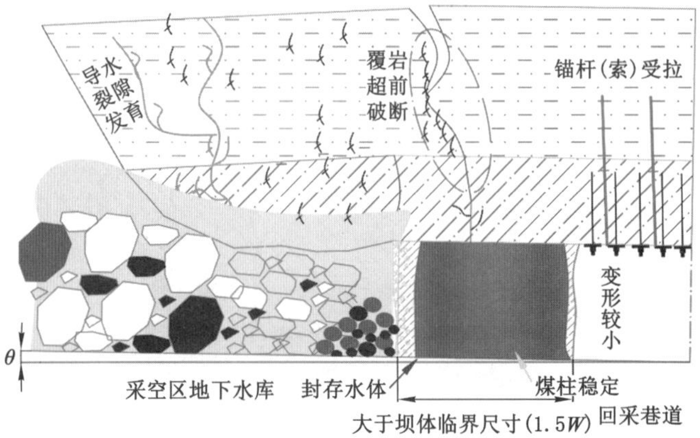

图 7-5　大尺寸煤柱坝体安全储水利用

寸),地下水库煤柱坝体能够满足长期稳定运行的要求,此时库容水体体积大幅增加,回采巷道变形仅受采掘应力作用,采空区侧超前支承压力累积损伤作用未侵蚀煤柱坝体弹性核区,故大尺寸煤柱坝体满足采空区水库的安全储水利用要求。大尺寸煤柱坝体长期稳定运行情况如图 7-6 所示。

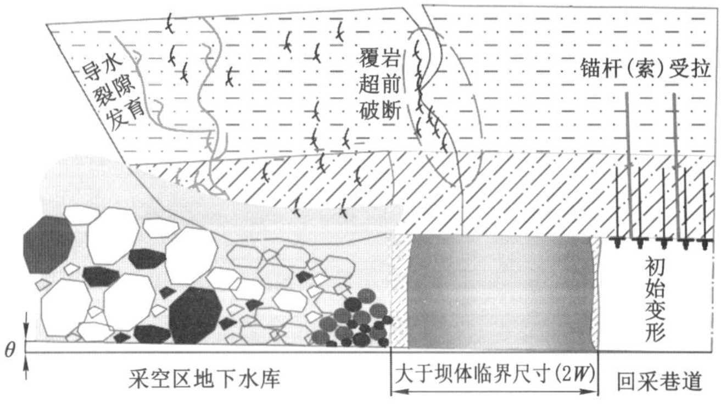

图 7-6　大尺寸煤柱坝体长期稳定运行

7.3　煤柱坝体长期稳定性控制技术

7.3.1　回采期间煤柱坝体应力集中缓解

煤矿地下水库工程是水资源保护利用的有效途径,煤柱坝体在煤炭资源开采和煤矿采空区水库建成时期均受到多因素、分程度的应力作用，因此最大限度减少煤柱在开采期间的采动应力损伤，是维持煤矿地下水库煤柱坝体长期稳定和持久运行的关键，切落煤柱坝体侧向悬露的煤矿顶板是主要手段之一。

目前，广泛运用的煤矿悬露顶板切落的主体方法是水力压裂、钻孔卸压和定向爆破[120-124]，这些方法均存在一定的不足：水力压裂会导致工作面顶板含水量大增，对于顶底板为泥岩等遇水容易膨胀溃散的围岩，不利于工作面及巷道顶板管理，支护较为困难，从而严重影响井下生产；钻孔卸压工作量大，耗工耗时多，成本高，也难以推广应用；定向爆破产生的扰动较大，影响巷道的稳定，爆破产生的有毒有害气体较多，且存在哑炮的风险，安全风险高。基于此，本节提出一种切顶卸压设备及切顶卸压方法以解决上述问题。

本节提出了一种地下水库煤柱坝体侧向切顶卸压设备，通过支撑单元支撑上板与支架底板，一方面确保切顶卸压操作时本设备能稳定放置，另一方面可以通过支撑上板在切割过程中有效地对受扰动的悬露顶板覆岩进行支撑，并对巷道超前部位围岩体进行有效控制，提供良好的施工环境，再通过切割单元平稳有序地切落悬露顶板覆岩，并在切顶卸压完成后能根据工作面的推进自行移动，确保对工作面推进方向上的侧向悬露顶板进行及时的切顶卸压操作。

其中，地下水库煤柱坝体侧向切顶卸压设备如图 7-7 和图 7-8 所示，操作步骤如下：

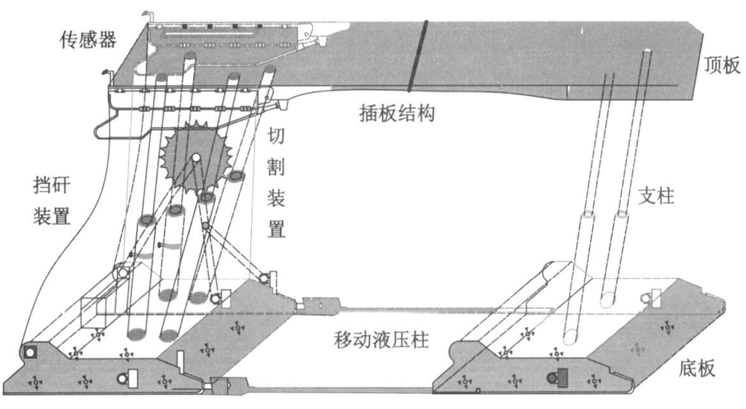

图 7-7　切割液压支架示意图

(1) 切顶卸压设备布置：将两个地下水库煤柱坝体侧向切顶卸压设备沿工作面长度方向同排布置在两端头，两端头之间同排布置有若干个支撑设备，每个地下水库煤柱坝体侧向切顶卸压设备通过推移单元向工作面推进方向移动。

(2) 切割前准备：支撑单元启动，驱动上板上升并与顶板岩层抵接，此时支

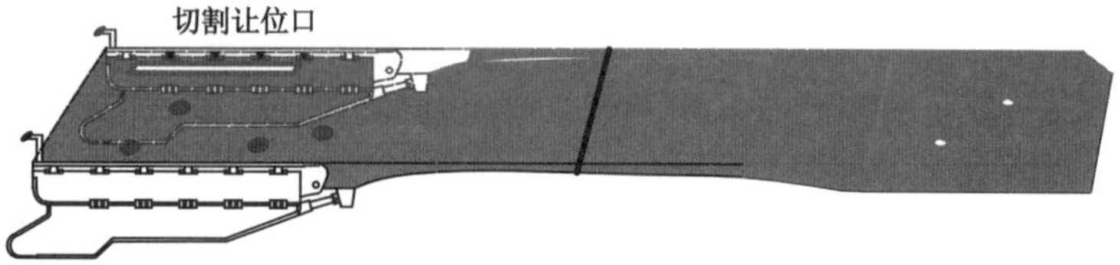

(a) 顶板

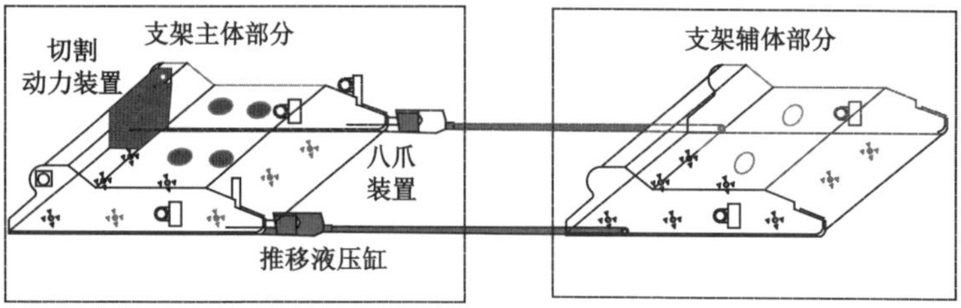

(b) 底板

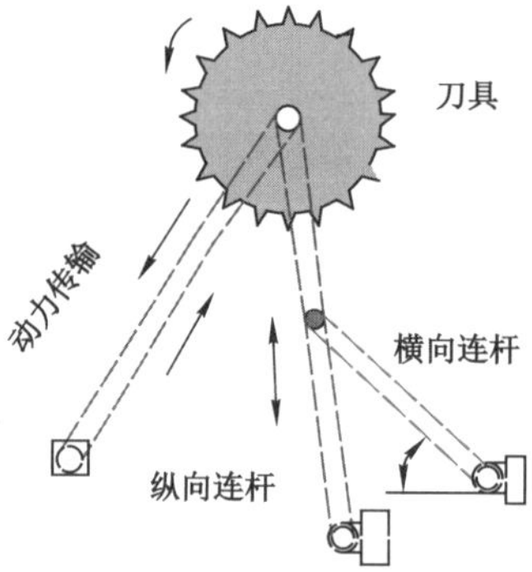

(c) 切割部分

图 7-8 切割液压支架的各部件示意图

架底板下的防倒扒爪紧扣地面。

(3) 切割:切割移动单元驱动切割单元的工作端从切割让位口中伸出进行切割,先进行纵向切割动作,纵向切割完成后进行横向切割动作,在切割同时启动大广角喷雾装置。

(4) 切割后准备:切割完成后停止切割单元,待切割粉尘明显减少后关闭大广角喷雾装置,然后收回切割单元。

(5) 推移:支撑单元的辅体支撑液压柱卸压回柱,启动推移单元,推动辅体部分向工作面推进方向移动一段距离;停止推移单元,辅体支撑液压柱加压升柱，驱动辅体上板与顶板岩层抵接，完成迈步式前进的第一步；主体支撑液压柱卸压回柱，收回推移单元，拉动主体部分向工作面推进方向移动一段距离，停止推移单元，主体支撑液压柱加压升柱，完成迈步式前进的第二步。

(6) 重复以上步骤，沿工作面推进方向对煤柱坝体进行侧向切顶卸压。

7.3.2　煤柱坝体水岩作用控制

影响煤柱坝体稳定性的关键因素为水浸作用对煤体的弱化作用，减少煤柱坝体损伤、提高煤柱坝体稳定性的关键在于隔绝水库中的水对煤柱坝体的影响，基于此提出设置隔水帷幕、强化巷道支护方式等稳定性控制技术，如图 7-9 所示。

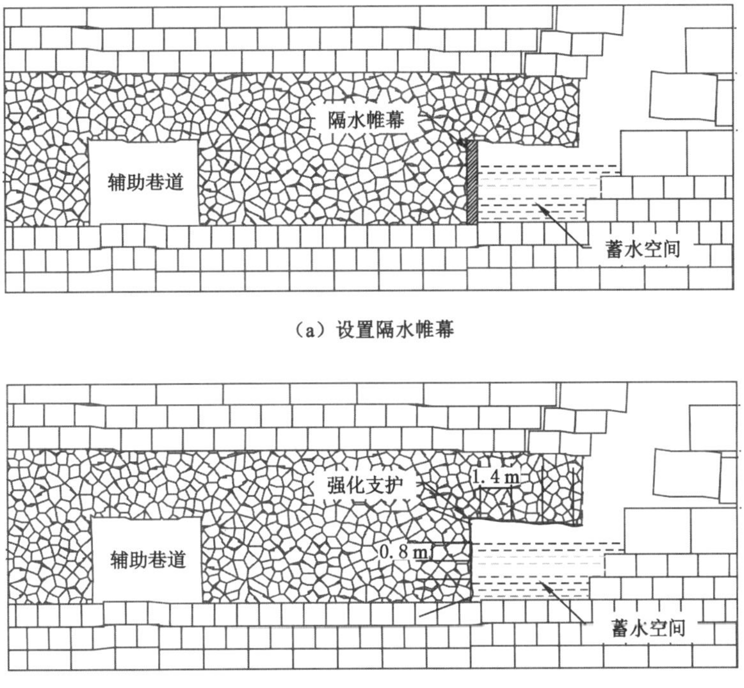

图 7-9　煤柱坝体稳定性控制技术示意图

1. 设置隔水帷幕

工作面回采时，在回风巷道巷帮设置隔水帷幕，可有效隔绝水对煤柱坝体的影响，煤柱坝体不会因水浸而发生强度弱化，稳定性和承载能力显著增高。

2. 强化巷道支护方式

将回风巷道的支护方式由目前的锚网支护升级为锚网喷支护，并减小锚杆间距，巷道支护强度的提高可减小巷帮损伤程度，喷浆形成的混凝土层可减缓水对煤体的影响，降低水对煤柱坝体的弱化作用。

7.3.3 建成后期煤柱坝体长期稳定性监测

煤矿地下水库工程是煤炭资源开采矿井水资源保护与利用的有效途径，煤柱坝体在长期水浸和动静载叠加环境下的动态监测和有效控制成为煤矿地下水库长期安全运行的关键。其中，动态水压渗流特征对于存在天然缺陷(孔隙、裂隙等)且在水库坝体中占大比例的煤柱坝体影响极大，因此，储水煤柱坝体的持续渗压监测是整个地下水库工程的重要一环。

目前，国内多数光纤光栅渗压监测系统运用范围仅限于地面建筑类行业[125-127]，很少用于煤炭资源井工开采期间煤柱稳定性的监控和预警[128,129]，且建筑行业的渗压监测系统多数通过浇筑或预先埋设于指定区域，极少涉及对已有工程结构进行后期在线监测的案例。另外，针对目前的渗压监测装置来说主要存在以下问题：

(1) 人为施工因素导致监测数据丢失、线路失联、反应迟钝等问题；

(2) 监测点位可采数据离散性较强；

(3) 同一监测水平线上的监测点位通过各自的光纤线路间隔分布，监测点位间缺少联络等。

综上，传统光纤光栅监测装置与监测数据采集方式较为局限，监测装置布置不能满足复杂应力与水浸耦合环境下煤柱坝体精准化、智能化在线监测和数据处理。另外，地下水库煤柱坝体结构由塑性区Ⅰ、弹性核区和塑性区Ⅱ构成，在煤柱坝体一侧设计储存地下水后，其长期处于动态水压作用条件下产生了形状类似“靴形”的水浸影响区，针对该区域本书提出了一种地下水库煤柱坝体损伤区渗压监测装置及监测方法，煤柱坝体渗压区和光纤监测管示意如图 7-10 所示。其中，在煤柱坝体中水浸影响区所处的位置高度处水平开设贯穿通孔，在贯穿通孔中设置渗压监测管，若干渗压监测管均匀布满水浸影响区所处的位置高度处，渗压监测管为中空管体，每根渗压监测管均由监测段和线缆段两部分相连组成，监测段中设置有若干渗压监测计，线缆段中容纳有连接这些渗压监测计的线缆。

监测段中的渗压监测计按照一定的规律设置：沿着监测段的长度方向，相隔固定距离便设置一处渗压监测位，各渗压监测管中的渗压监测位距离间隔均相同，若干渗压监测计设置在每处渗压监测位中，每处渗压监测位中均沿渗压监测

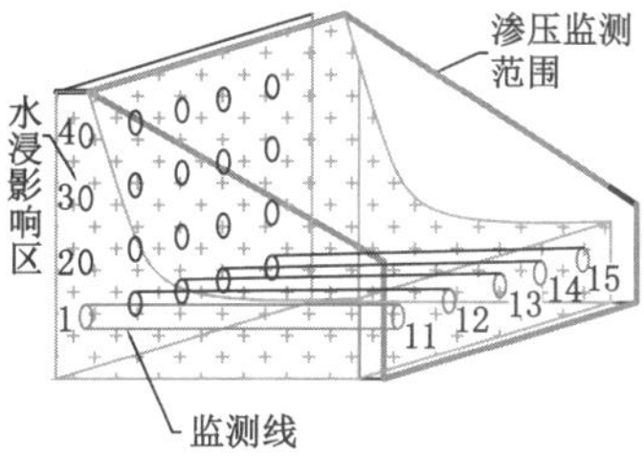

（a）煤柱渗压区

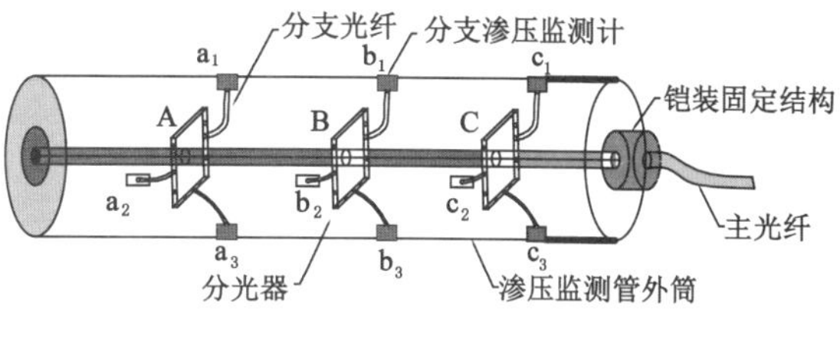

（b）光纤渗压监测管

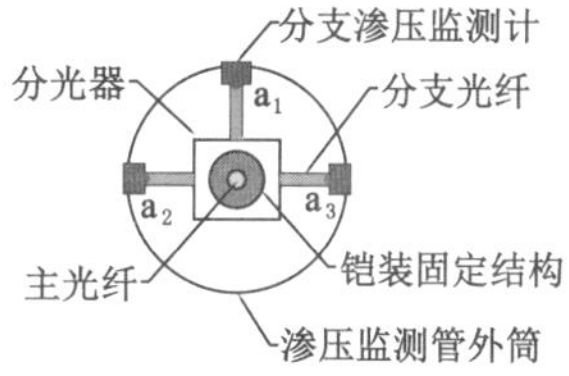

（c）渗压器断面图

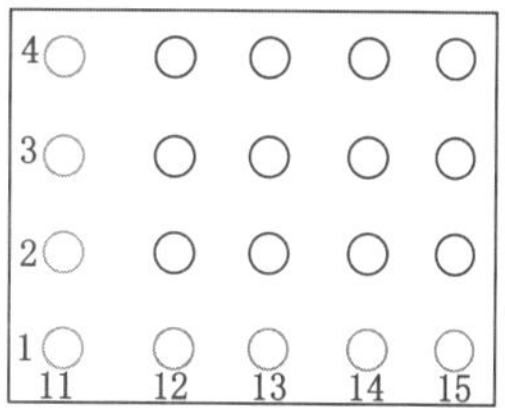

（d）数据监测阵列

图 7-10　煤柱坝体渗压区和光纤监测管示意图

管周向布设若干渗压监测计。按照如此设置规律，当各渗压监测管在煤柱坝体中布置好后，各渗压监测管中相对位置相同的渗压监测位会沿着煤柱坝体纵截面的方向形成渗压监测阵列，如图 7-10(d)所示，在一水浸区纵截面处均设置若干渗压监测位，由此能有效获取该处纵截面的渗压数据结果，通过每根渗压监测管的监测段可以获得一条水平监测线上的渗压数据结果，通过各渗压监测计可以获得各监测点的渗压数据结果，而每处渗压监测位有不止一个渗压监测计进行渗压数据获取，因此该处的渗压数据更为可靠。

其中，地下水库煤柱坝体损伤区渗压监测装置中各渗压监测计按照一定规律设置，使得本装置在监测过程中能获取水浸影响区不同纵截面处的面渗压数据，同时也能获得同一水平监测线上的线渗压数据，以及各渗压监测位的点渗压数据，进而方便工作人员根据点-线-面监测数据更加直观方便地构建煤柱坝体自身损伤区处的渗压状况，使本装置的监测数据便于分析且准确、有效。配合光电信号交换单元、渗压信息分析单元、井下数据采集单元、工业以太网、井上数字信号处理单元及煤矿调度中心(见如图 7-11)实现了井上和井下的远距离、多环境传输，具备与地面工业组网形成系统连接的能力，并可将光/电信号进行转换传输、监测预警。

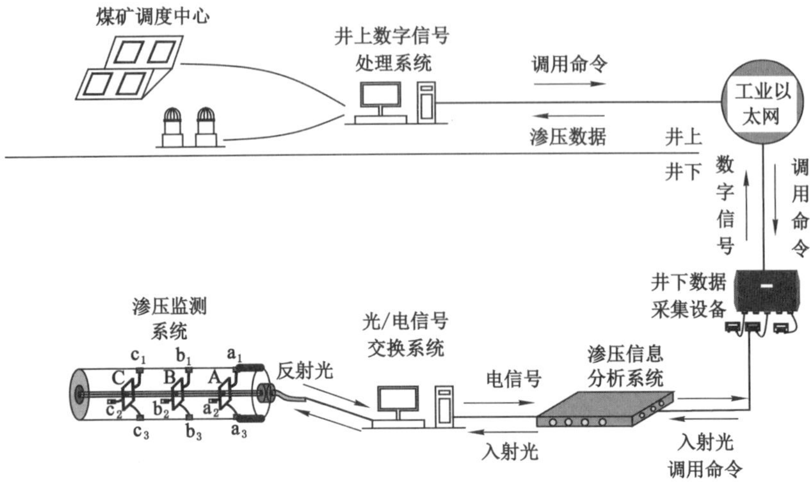

图 7-11　地下水库煤柱坝体损伤区渗压监测装置及监测方法

7.4　本章小结

(1) 按照所处的弹塑性状态，煤柱坝体可分为外侧塑性区(临近采空区侧)、弹性核区和内侧塑性区(临近辅助巷道煤帮侧)，通过弹塑性平衡理论分析，重复采动作用下煤柱坝体外侧塑性区发育宽度为 4.32 m，弹性核区临界宽度为 4.89 m，内侧塑性区发育宽度为 2.58 m，即保证煤柱坝体在重复采动作用下稳定性的最小宽度为 12 m。

(2) 水浸弱化处理的煤柱渗流应力耦合数值模型计算结果表明，煤柱留设宽度为 18 m 时内侧和外侧塑性区导通，煤柱留设宽度为 20 m 时内侧和外侧塑性区间弹性核区宽度约为 3.96 m，即取得稳定性与占用资源平衡的煤柱留设宽度范围为 18～20 m。

(3) 影响煤柱稳定性的关键性因素为水浸作用对煤体的弱化作用，通过设置隔水帷幕、强化巷道支护方式可有效解决水浸对煤体的弱化作用。同时还提出了地下水库煤柱坝体侧向切顶卸压方法，该方法可有效缓解复杂应力场与水浸环境下煤柱坝体的损伤程度及其应力集中情况，提高了煤柱坝体的稳定性。

第 8 章　煤矿地下水库监测系统设计及应用

为确保地下水库运行安全，对 2^{-2} 煤已建的 3 座地下水库进行安全监测系统的设计与布置。考虑本工程的地下水库已经形成，结合工程布局和施工条件，选择各个水库重要部位（各水库坝体的最低点、取水点和注水点）进行安全监测设计，主要是对挡水坝（密闭墙）和输排水系统进行监测仪器的设计和布置。安全监测的内容包括挡水坝体的应力监测、变形监测、水库水位与渗漏监测、输水管道压力和流量监测、水质监测、震动监测、视频监控、信号采集与远程监测等。为了更直观和准确地反映出水库运行状况，设计以三维矢量图的方式对采集参数进行展示。利用 3DGIS 技术对地下水库的空间地理信息进行准确表达，在此基础上结合三维组态技术将重点监测场景嵌入三维空间中，以实现生产监控、场景漫游、故障定位等功能，为实现地下水库安全监测提供多维的手段。

8.1　水库监测系统设计方案

8.1.1　煤矿地下水库监测系统

监测对象所处的井下环境对设备的安全性提出了严格的要求。与传统电子传感器相比，光纤传感器以光波为信息载体，光纤信息采集与传输一体化，并具有如下优点：不带电本质安全，适用于煤矿井下易燃、易爆环境；光纤传输损耗小、距离远、不受电磁场干扰和温度湿度影响，传输可靠性高；光纤传感监测系统容量大，易于实现多点、多参数在线监测，大大减少设备的种类和数量，系统配置简单，便于维护；具有分布式监测的优势，可以实现对光纤沿线各个点的温度应变在线监测，在对较大空间范围的连续监测，具有独特的应用价值。另外，光纤传感器的最大优势在于其不带电的良好特性，由于传输的是光信号，因此信号数据的传输不会受到电磁辐射的影响；光纤具有很好的耦合性质，因此可以一根光纤带多个探头；光纤材质为二氧化硅，是一种非常稳定的材料，这决定了传感器的长久耐用性和安全性。

设计的煤矿地下水库监测系统如图 8-1 所示。

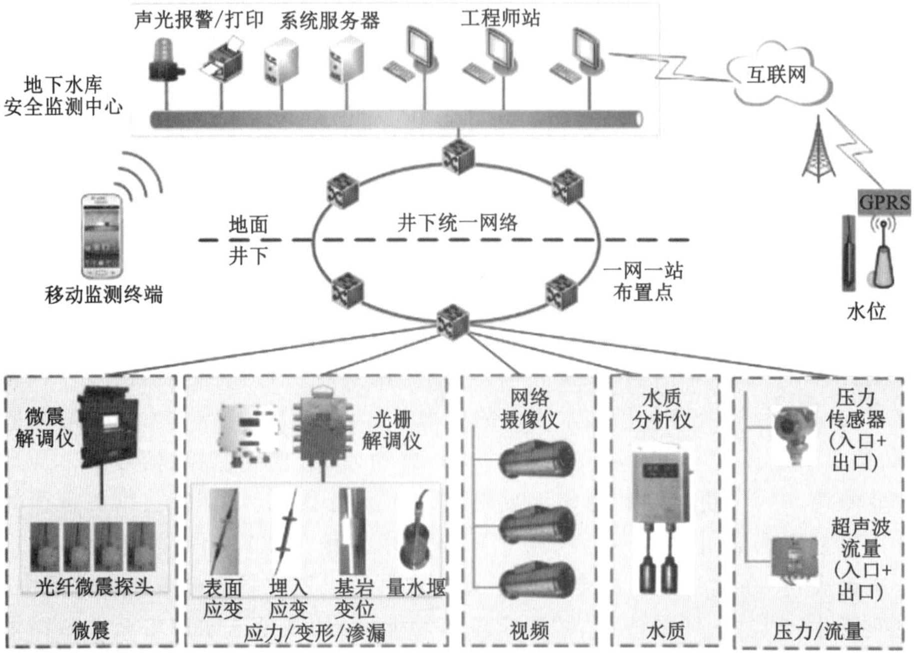

图 8-1　煤矿地下水库监测系统示意图

8.1.1.1　光纤埋入式应变传感器

光纤埋入式应变传感器如图 8-2 所示，主要用于桥梁、隧道、大坝混凝土结构内部应变监测，传感器安装时采用绑扎的方式，用细匝丝或尼龙扣带将应变计绑扎在钢筋一侧，一起浇筑。采用细匝丝或尼龙扣带将应变计捆绑在结构钢筋上，避开混凝土和捣振棒能直接冲击到的钢筋面。绑扎位置应在应变计两端（即受力柄）的内侧 5 mm 处，中间部分不容许绑扎。应变计为两端头紧贴钢筋、中间悬空的状态。

8.1.1.2　光纤表面应变传感器

光纤表面应变传感器如图 8-3 所示，采用螺丝安装固定在各种结构的表面，长期监测其应变值。安装说明：在坝体表面打 ϕ6 mm 的钻孔，间距为 120 mm，将传感器安装底座安置到钻孔中，安装底座下端为膨胀螺丝，与坝体紧密耦合在一起，孔隙采用强力黏结胶填充。光纤表面应变传感器安装示意如图 8-4 所示。

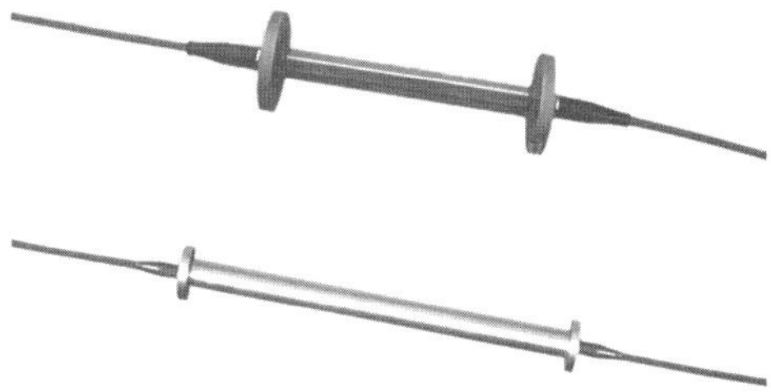

图 8-2　光纤埋入式应变传感器

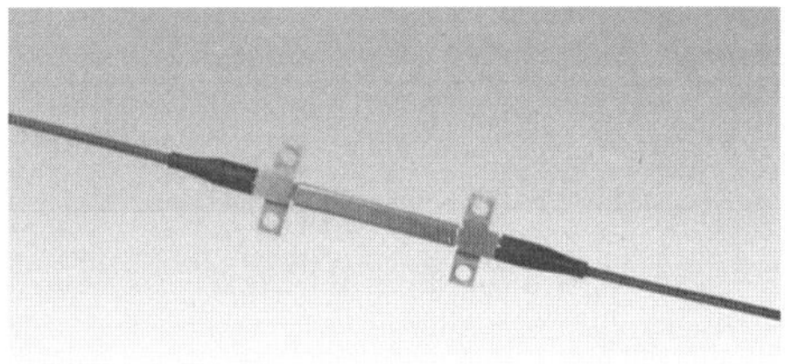

图 8-3　光纤表面应变传感器

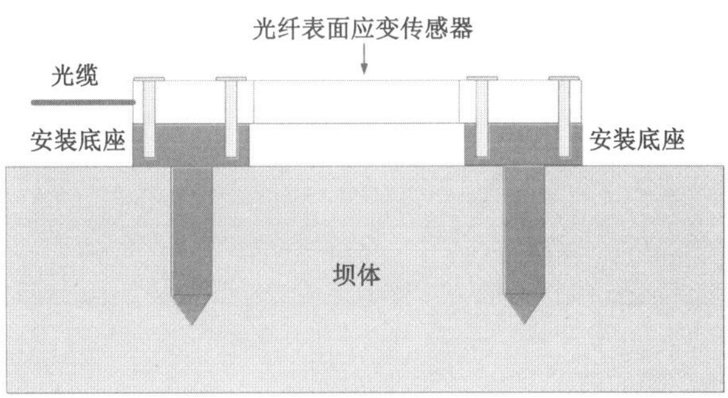

图 8-4　光纤表面应变传感器安装示意图

8.1.1.3　光纤量水堰计

光纤量水堰计如图 8-5 所示。将光纤量水堰计的防污管安放在安装洞内用混凝土浇筑固结，浇筑高度不得大于 10 cm，防止砂浆进入防污管。防污管安装时为保持管体垂直，使用上端盖上的水平泡调整上端面水平。安装时防污管内严禁杂物进入，量水堰计槽式安装埋设要考虑水流对测量的影响，以及水垢对仪器测量的影响，如图 8-6 所示。其安装步骤如下：

(1) 在内凹竖槽口安装不锈钢丝网隔栅(丝网目数视砾石的大小而定)，在内凹竖槽和量水堰计防污管之间的空隙里填满砾石，进一步过滤进入量水堰计

图 8-5　光纤量水堰计

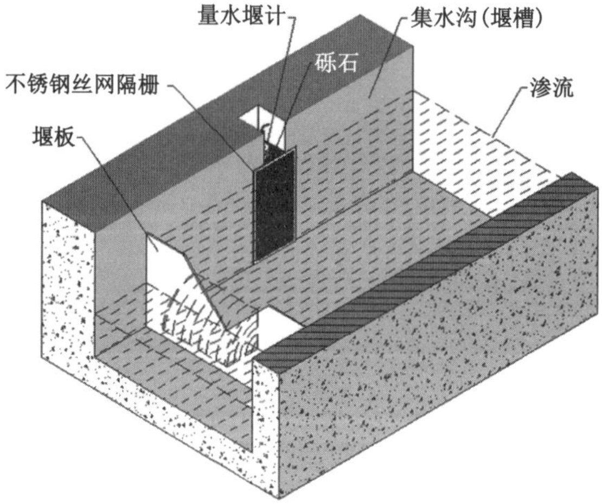

图 8-6　光纤量水堰计安装示意图

内的渗水，减少结垢和滋生青苔的可能性。

(2) 不锈钢丝网隔栅可采用便于拆卸的方式固定，以利于定期清理或更换砾石和清理仪器上的水垢和青苔，从而保证仪器测量的准确性。

光纤温度传感器如图 8-7 所示，有聚酰亚胺外壳封装和钢筒式封装两种封装形式，应根据现场应用的不同情况选择合适的型号。

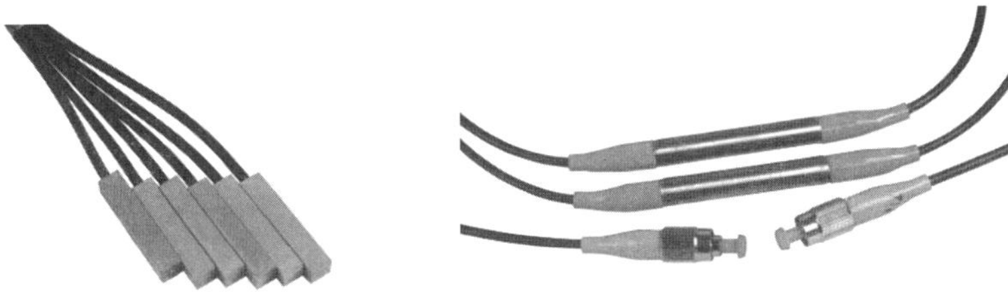

图 8-7　光纤温度传感器

8.1.1.4　光纤基岩变位计

光纤基岩变位计包括主体光纤传感器及连接杆、固定板等。变位计的固定板与岩体牢固连接成一体，当岩体沿钻孔轴方向发生位移时，锚栓带动传递杆延伸到钻孔孔口基准端，使得位于基准端的光纤传感器也随着位移产生相应的变化，随锚点的移动，相对于基准端的伸长即可测出。光纤基岩变位计及其安装示意如图 8-8 所示。

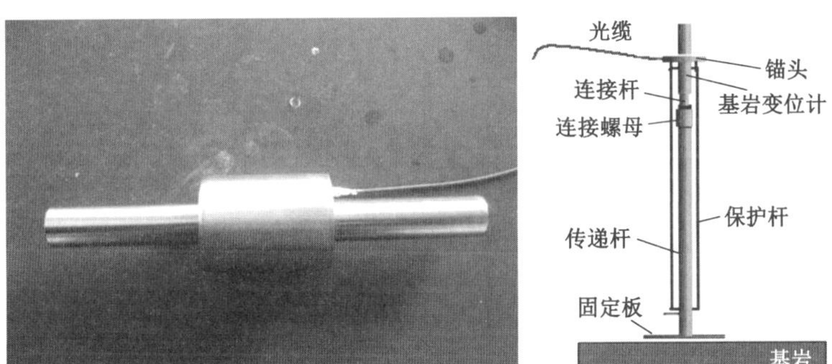

图 8-8　光纤基岩变位计及其安装示意图

光纤基岩变位计安装时，先将固定板放置在选定的基岩(基础)上，传递杆垂直向上；传递杆外需加保护管，以消除填土与传递杆间的摩擦力。保护管与传递杆要随着土层高度的增加而增高，每节长度不要超过 50 cm，各节用连接螺母连接起来，传递杆与保护管间要避免渣土落入而影响传递杆的自由度。埋设的过程中要将保护管向上拔一定的距离，防止填土的部分受压后对沉降数值造成影响；将传感器上的连接杆也用连接螺母接在传递杆的最上面一头，调整传感器的预紧量使传感器上的锚头与路基表面接触良好、接触面平整。另外，需要在锚头上放置一个定制的水泥保护墩，其既可保护传感器又可以使锚头对变形量进行更好地跟踪(安装过程中防止光缆与锚头连接处碰伤)。

8.1.1.5 *矿用光栅解调仪*

矿用光栅解调仪如图 8-9 所示，监测仪参数见表 8-1。

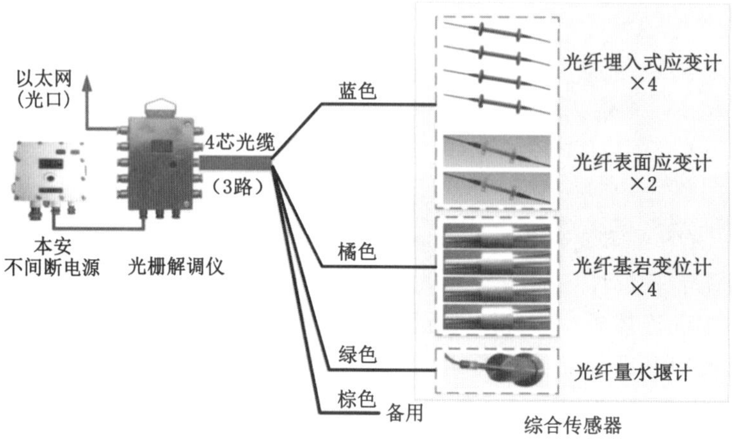

图 8-9 矿用光栅解调仪

表 8-1 监测仪参数

参数	数值
通道数	0～24 可选
测量距离范围/km	>10
带宽/nm	40
测量分辨率/pm	1
测量时间/(s/通道)	3

矿用光栅解调仪主要用于解调光纤光栅类传感器，包括光纤温度传感器、光纤应变传感器等，放置于监测结构附近的变电所，采用本安电源供电，仪器与传感器间采用光缆连接，解调数据通过工业环网或光纤传输至地面工控机。

8.1.1.6 *矿用微震解调仪*

矿用微震解调仪如图 8-10 所示，主要用于解调光纤微震传感器，放置于监测结构附近的变电所，采用井下 AC660 V 供电，仪器与传感器间采用光缆连接，解调数据通过工业环网或光纤传输至地面工控机。微震监测系统参数见表 8-2。

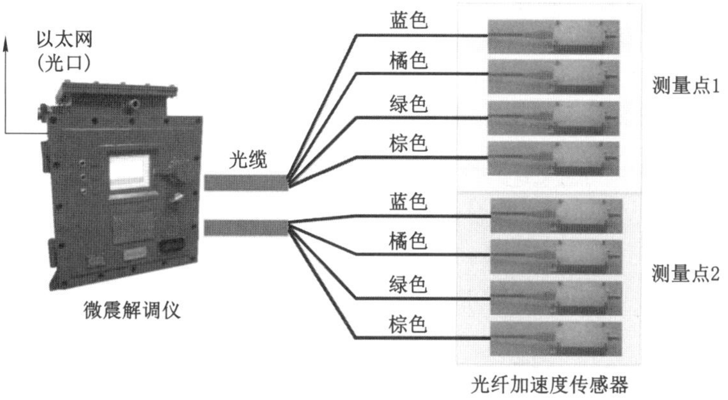

图 8-10　矿用微震解调仪

表 8-2　微震监测系统参数

参数	数值
采样频率/kHz	5
空间定位精度/m	±11
震源定位最小能量/J	100
通道数	8*N*

8.1.1.7　水位传感器

设计采用 GT560 系列陶瓷电容式水位计进行钻孔水位测量。GT560 系列陶瓷电容式水位计适用于长期埋设在水工建筑物或其他混凝土建筑物及地基内，测量结构物或地基内部的渗透(或孔隙)水压力以及水库、湖泊等的水位。水位计加装配套附件可在测压管、地基钻孔等场合下使用。

陶瓷电容式水位计主体为一个陶瓷电容式测压传感器，其输出信号的大小与外界水位所产生的压力线性相关。传感器导线采用特制五芯屏蔽通气电缆，此电缆内有通气导管，可将大气导入传感器内部，平衡传感器受压膜两侧气压差。陶瓷电容测压传感器满量程输出 4～20 mA 标准电流信号，可接入 GT1104 标准信号测量模块获取监测数据，再通过计算求得所测位置渗透水压力或水位变化量。

水位测量站根据钻孔布置设计，设备安装在野外，由太阳能电池供电，充满电后即使在阴雨天仍然能够持续供电 48 小时以上。水位传感器通过钻孔浸入水库，地面设计布置一套数据采集系统并采集传感器水位信号，并进行数据转换，通过 GPRS 模块远程传输。水库安全监测中心软件通过特定 IP 地址获取 GPRS 数据信号，并进行综合分析。

野外水位测量原理示意如图 8-11 所示。

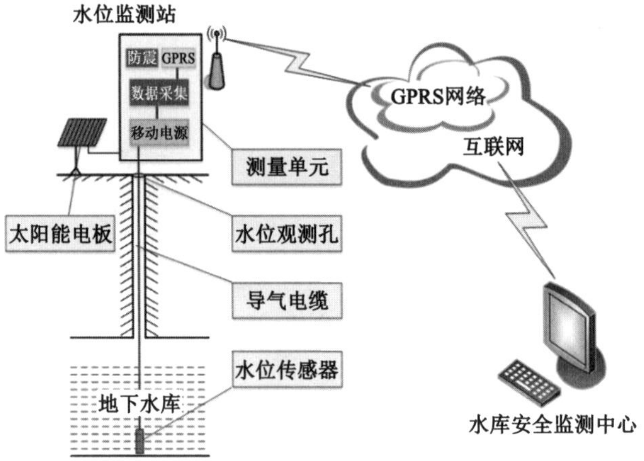

图 8-11　野外水位测量原理示意图

8.1.1.8　水质传感器

矿用本安型水质传感器主要用于煤矿、工厂、矿山及需要进行水质 pH 值、浊度参数监测的场所，矿用本安型水质传感器可实时显示监测值，可与煤矿安全监控系统联网使用，实现远程在线监测。矿用本安型水质传感器的主要优点如下：

(1) 维护简单，浊度检测采用散射光与透射光比值取代散射光，传感器在整个量程范围内具有良好的线性关系，只需一点标定，维护简单。

(2) 抗污性好，浊度检测采用散射光与透射光比值取代散射光，光强和温度的变化同时影响散射光和透射光，当传感器轻度污染时，测量结果不受影响。

(3) 抗环境干扰能力强。传感器浊度检测采用调制光源，可以在煤矿井下黑暗环境中直接使用。

(4) pH 电极可拆卸，使用维护方便，可实现对污水 pH 值在线监测；其 pH 电极坚固耐用，适合在煤矿井下恶劣的特殊环境下使用。

水质传感器如图 8-12 所示，其主要技术指标见表 8-3。

图 8-12　矿用本安型水质传感器

表 8-3　水质传感器主要技术指标

指标类别	参数	性能
供电电源	工作电压/V	DC12～24
	工作电流/mA	不大于 150
pH 值测量性能	测量范围	0～14
	显示分辨率	0.01
	测量精度	0.02
浊度值测量性能	测量范围/NTU	0～300
	测量精度/NTU	±3
	重复性误差/NTU	±1.5
S485 数字总线传输	接口数量/路	1
	传输制式	双极性，半双工，RS485
	传输速率/(b/s)	1 200
	正常工作时的通信信号电压峰值/V	2～10
	最大传输距离/km	2(使用 MHYVR 型电缆，导线截面积不小于 1.0 mm^2)

表 8-3(续)

指标类别	参数	性能
频率量传输	接口数量/路	2(1 路对应输出 pH 值频率信号，1 路对应输出浊度值频率信号)
	信号输出范围/Hz	200～1 000
	信号输出电平	信号输出接 1.5 kΩ 负载电阻时，输出信号高电平不小于 3.0 V，低电平不大于 0.5 V
	频率信号与显示值误差/%	小于 1
产品材料与结构特征	智能水质分析显示仪表材质	304 不锈钢
	pH 值检测元件外壳材质	PP(聚丙烯)
	浊度监测元件外壳材质	304 不锈钢

8.1.1.9 隔爆摄像仪

KBA127A 矿用隔爆兼本安型摄像仪如图 8-13 所示，采用低照度 CCD(电荷耦合器件)成像，对前端视频图像采集、压缩编码后通过以太网光信号和电信号两种方式传输，同时具备本安开入、开出接口。该设备具有集成度高、便于安装、要求照度低、数字视频光信号传输、抗干扰性能强、清晰度高、传输距离远等一系列优点，是煤矿井下工业电视系统的理想配套产品，主要技术指标见表 8-4。

图 8-13 KBA127A 矿用隔爆兼本安型摄像仪

表 8-4 KBA127A 矿用隔爆兼本安型摄像仪主要技术指标

指标	性能
电压/V	AC85～264
输入视在功率/(V·A)	≤100
视频参数	低照度 CCD
清晰度/像素	不小于 1 920×1 080(最低环境照度 2 lx)

表 8-4(续)

指标	性能
灰度/级	不小于 7(最低环境照度 2 lx)
以太网电口/路	2(10/100 Mb/s 自适应,传输距离为 50 m)
以太网光口/路	2(单模 1310,最大传输 15 km,支持级联)
本安开入口/路	1(高电平不小于 3V/逻辑“1”;低电平不大于 0.5V/逻辑“0”)
本安开出口/路	1(高电平不小于 3V/逻辑“1”;低电平不大于 0.5V/逻辑“0”)

8.1.1.10　压力传感器

在防水墙预设的输排水管道上增设压力变送器进行水库压力的观测。具体是在输排水管道的机械式压力表部位改装三通管,接压力变送器,同时在管道上加装管道流量计用于测定管道输排水流量,每个管道安装一套。压力变送器性能指标:测量范围为 0～1 MPa,输出电流为 4～20 mA。

8.1.1.11　超声波管道流量计

矿用超声波管道流量计参数见表 8-5。

表 8-5　矿用超声波管道流量计参数

性能	参数		
	插入式		外夹式
测量液体	测管道的水、污水及其他均质液体,悬浮物含量小于 10 g/L,粒径小于 1 mm		
管路材质	钢管、铸铁管、非金属管		可焊接或压接的管材料
准确度/%	±1.0		±1.5
重复性/%	±0.5		±0.8
流速范围/(m/s)	±0.3～±12.0		
管径范围/mm	DN80～2 000		DN80～2 000
传感器材质	1Cr18Ni9Ti(不锈钢)		
压能力	管内部分 2 MPa,管外部分 0.3 MPa(带压安装应在管内压力 1MPa 以下)		与管内压力无关(传感器浸水深度不超过 3 m)
工作环境	转换器	环境温度:−10～+45 ℃;湿度≤85%(RH)	
	传感器	常温型:−10～50 ℃;高温型:0～150 ℃;湿度:可浸水	
	电缆	采用双芯带屏蔽高频电缆,工作温度−40～70 ℃	
信号输出	模拟量:光隔离 4～20 mA 或 0～20 mA 或 0～10 mA 软件可选;负载能力小于 600 Ω		
	串行口:RS-485,传输速率 4 800 b/s,传输距离小于 1 200 m		

表 8-5(续)

性能	参数			
	插入式		外夹式	
本安参数	最高开路电压 15 V,最大短路电流 20 mA			
工作电源/V	AC 127±12.7			
电缆长度/m	传感器到转换器的布线距离,10,20,30,…,200 可选			
防护等级	转换器	IP54	传感器	IP68
防爆标志	Exd[ib]Ⅰ			
防爆形式	矿用隔爆兼本质安全型			

流量传感器安装在水管路上,与压力传感器一起接入 PLC 控制器,预留数据接口。

8.1.1.12　平台软件

在三维组态软件的基础上,另外配置光纤传感器解调软件、微震解调软件、视频联动模块等,并预留控制软件接口。软件配置见表 8-6。

表 8-6　软件配置

项目	型号	参数描述	数量	厂家
ICONICS GEN64	Kep-OPC-Std	OPC 接口通信软件标准版,支持 100 多种协议	2	美国 ICONICS
	GEN64-APP-500V10.8	运行环境和开发环境(500 点授权)	2	
	GEN64-HH-R-500V10	冗余实时历史数据库 500 点	1	
	WEBHMI64-BRWSR-R/5V10.8	访问冗余服务器的客户端授权(5 个客户端包)C/S 架构	1	

8.1.2　矿井地下水库监测系统原理

光纤布拉格光栅的基本结构为沿纤芯折射率周期性的调制,如图 8-14 所示。所谓调制,就是本来沿光纤轴线均匀分布的折射率产生大小起伏的周期性变化。光纤的材料为石英,由芯层和包层组成。通过对芯层掺杂(通常是掺锗),使芯层折射率 n_1 比包层折射率 n_2 大而形成波导,光就可以在芯层中传播。当芯层折射率受到周期性调制后,即成为布拉格光栅。

布拉格光栅会对入射的宽带光进行选择性反射,反射一个中心波长与芯层

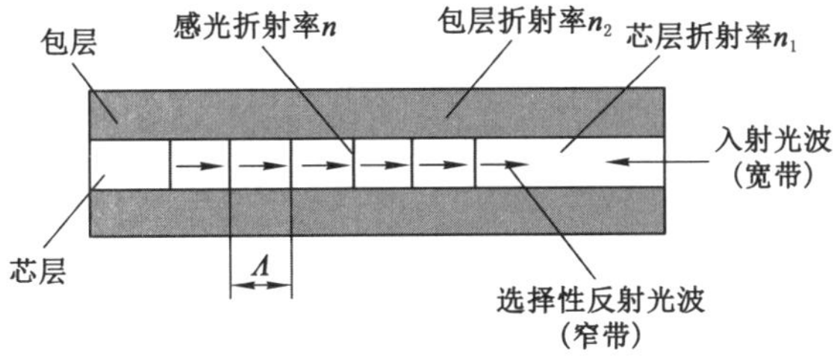

图 8-14　光纤光栅基本结构

折射率调制相位相匹配的窄带光(带宽通常约为 0.2 nm)。此中心波长称为布拉格波长。相位匹配是指布拉格波长取决于折射率调制的空间周期 Λ 和调制的幅度大小,用数学公式表示如下:

$$\lambda_B = 2n_{eff}\Lambda \tag{8-1}$$

式中　λ_B——光栅的布拉格波长;

n_{eff}——光栅的有效折射率(折射率调制幅度大小的平均效应);

Λ——光栅条纹周期(折射率调制的空间周期)。

光纤光栅传输谱如图 8-15 所示。

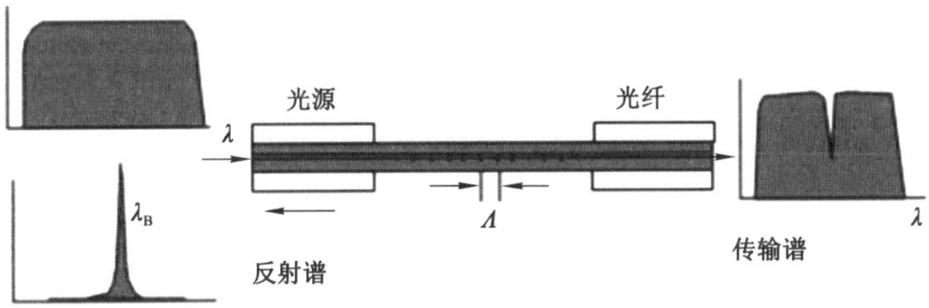

图 8-15　光纤光栅传输谱图

光纤布拉格光栅传感器的工作原理:

由式(8-1)可知,布拉格波长是随 n_{eff} 和 Λ 而改变的,其变化量为:

$$\Delta\lambda_B = 2(n_{eff}\Delta\Lambda + \Lambda\Delta n_{eff}) \tag{8-2}$$

光纤光栅对外界力、热负荷极为敏感。应力影响布拉格波长是由于光栅周期的伸缩以及弹光效应,而温度影响布拉格波长是由于热膨胀和热光效应,于是存在下式:

$$\Delta\lambda_B = 2\left(n_{eff}\frac{\partial\Lambda}{\partial T} + \Lambda\frac{\partial n_{eff}}{\partial T}\right)\Delta T + 2\left(n_{eff}\frac{\partial\Lambda}{\partial l} + \Lambda\frac{\partial n_{eff}}{\partial l}\right)\Delta l \tag{8-3}$$

式中　$\Delta\lambda_B$——中心波长的变化;

T——光栅处的温度;

l——光栅的长度。

或者表示为：

$$\Delta\lambda_{\mathrm{B}} = \lambda_{\mathrm{B}}\left(\frac{1}{\Lambda}\frac{\partial\Lambda}{\partial T} + \frac{1}{n_{\mathrm{eff}}}\frac{\partial n_{\mathrm{eff}}}{\partial T}\right)\Delta T + \lambda_{\mathrm{B}}\left(\frac{\partial\Lambda}{\Lambda}/\frac{\partial l}{l} + \frac{\partial n_{\mathrm{eff}}}{n_{\mathrm{eff}}}/\frac{\partial l}{l}\right)\frac{\partial l}{l} \tag{8-4}$$

$\frac{\partial\Lambda}{\Lambda}=\frac{\partial l}{l}=\varepsilon$ 为光栅所产生的应变，式(8-4)可写成：

$$\frac{\Delta\lambda_{\mathrm{B}}}{\lambda_{\mathrm{B}}} = \alpha\Delta T + \zeta\Delta T + \varepsilon - P_{\mathrm{e}}\varepsilon \tag{8-5}$$

式(8-5)右边第一项为热膨胀效应，即因热膨胀引起的条纹周期变化，$\alpha=\frac{1}{\Lambda}\cdot\frac{\partial\Lambda}{\partial T}$，为光纤的热膨胀系数；第二项为热光效应，即因温度变化引起的折射率变化，$\zeta=\frac{1}{n_{\mathrm{eff}}}\cdot\frac{\partial n_{\mathrm{eff}}}{\partial T}$，为光纤的热光系数；第三项为形变效应，即 ε 应变引起的条纹间距变化；第四项为光弹效应，即应变引起的折射率变化，$P_{\mathrm{e}}=-\frac{1}{\varepsilon}\cdot\frac{\partial n_{\mathrm{eff}}}{n_{\mathrm{eff}}}$，为有效光弹系数。

当温度、应变同时发生变化时，总的布拉格波长位移应为热移动分量和应变移动分量之和：

$$\frac{\Delta\lambda_{\mathrm{B}}}{\lambda_{\mathrm{B}}} = (\alpha + \zeta)\Delta T + (1 - P_{\mathrm{e}})\varepsilon \tag{8-6}$$

式(8-6)中除热光系数 ζ 随波长变化外，其余各项均可视为常数。

针对光纤光栅传感器对于温度和应变都有响应的特性，可以根据需要设计光纤光栅温度和应力传感器。各种光纤传感器参数见表 8-7。

表 8-7　光纤传感器参数

传感器类型	量程	精度	通道/个
光纤埋入式应变传感器	0～3000 με	0.1%FS	8
光纤表面应变传感器	0～3000 με	0.1%FS	8
光纤渗压传感器	0～0.2 MPa	0.5%FS	4
光纤量水堰计	0～600 mm	0.5%FS	4
光纤温度传感器	－20～120 ℃	0.5%FS	12
光纤基岩变位计	0～100 mm	0.5%FS	4

8.2 水库监测系统实施方案

8.2.1 系统组成

水库监测系统包括前端传感器，用于坝体混凝土形变、岩层震动、坝体渗水流量监测，库容流量、压力、水深、水质监测，以及重点区域周边视频监控配套；中间采集、传输器，即光纤调制解调仪、矿用本安型环网交换机（含信号转换模块）；后段数据处理设备，即机房数据采集存储服务器和浏览客户端工作站。

8.2.2 井下前端实施方案

8.2.2.1 总体工程设计安装

（1）设计监测对象：4 个水库；6 个监测点；11 道坝体。设计安装位置见表 8-8，设计安装位置示意如图 8-16 所示，实际安装位置见表 8-9。

表 8-8 设计安装位置表

监测区域	坝体数量
1# 区域	2
2# 区域	3
3# 区域	2
4# 区域	2
5# 区域	1
6# 区域	1

表 8-9 实际安装位置表

监测区域	坝体数量	安装情况
2# 区域	3	完成
3# 区域	2	完成
6# 区域	2	完成
大矿 5^{-2}煤 306 坝体	3	完成
活鸡兔井 2^{-2}煤 605 坝体	1	完成

（2）钻孔水位监测站设计安装位置示意如图 8-17 所示。其中设计数量 5 个，实施数量 5 个。

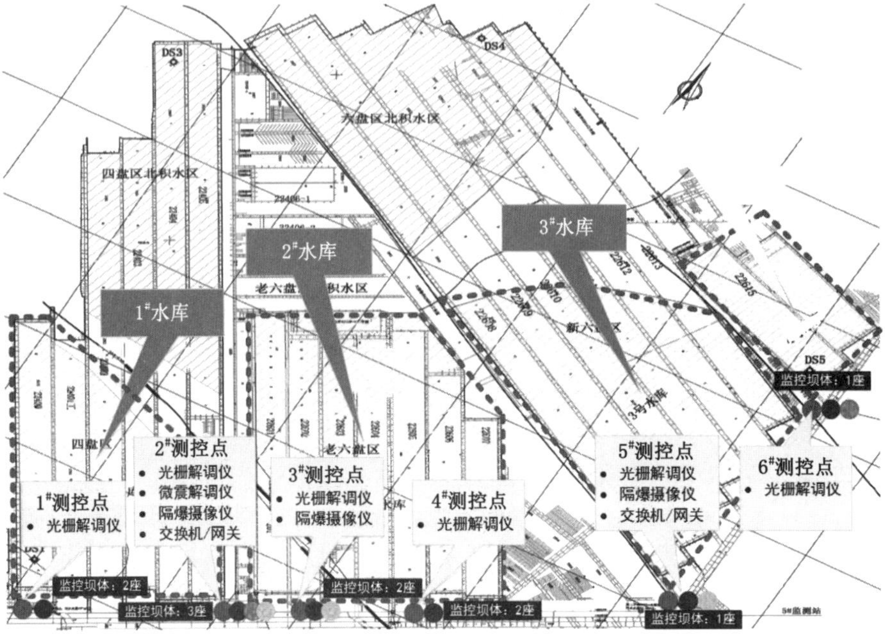

图 8-16 设计安装位置示意图

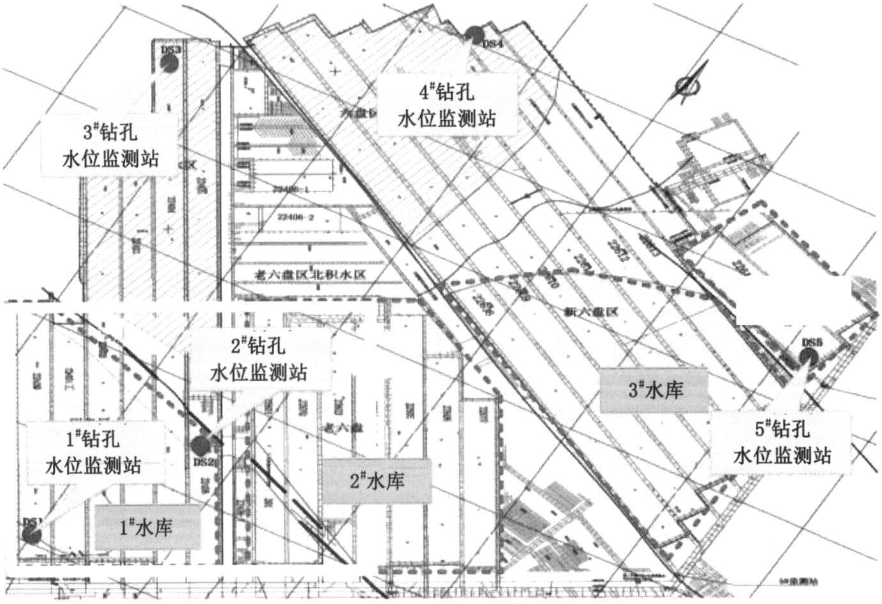

图 8-17 钻孔水位监测站设计安装位置示意图

(3) 2# 水位观测孔包括太阳能电板、数据采集模块、GRRS 模块、避雷针及接地扁钢、10 m 水泥杆、传感器线缆保护等，如图 8-18 所示。

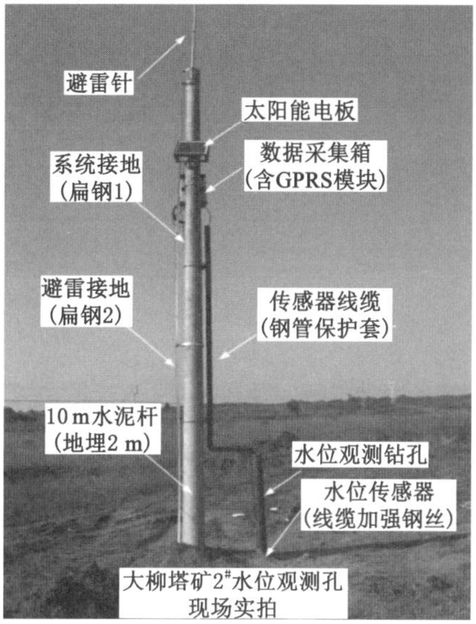

图 8-18　2# 水位观测孔现场实拍

8.2.2.2　传感器安装进展

现场安装隔爆计算机等监测仪器情况如图 8-19 所示。

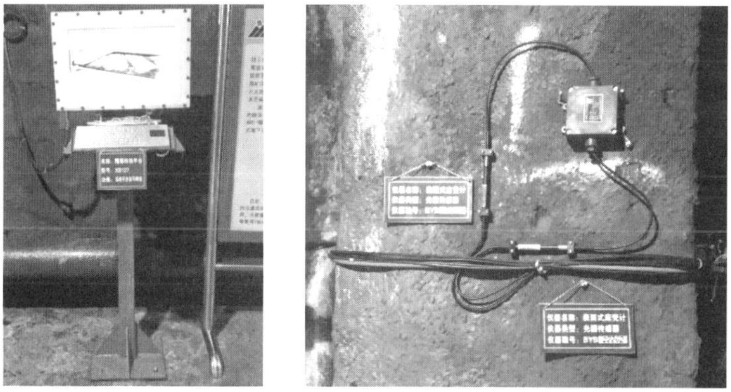

(a) 隔爆计算机安装　　(b) 表面应变传感器安装

图 8-19　现场安装隔爆监测仪器情况图

（c）解调仪及传输设备安装一

（d）解调仪及传输设备安装二

（e）基岩变位计安装

（f）水质分析传感器安装实拍

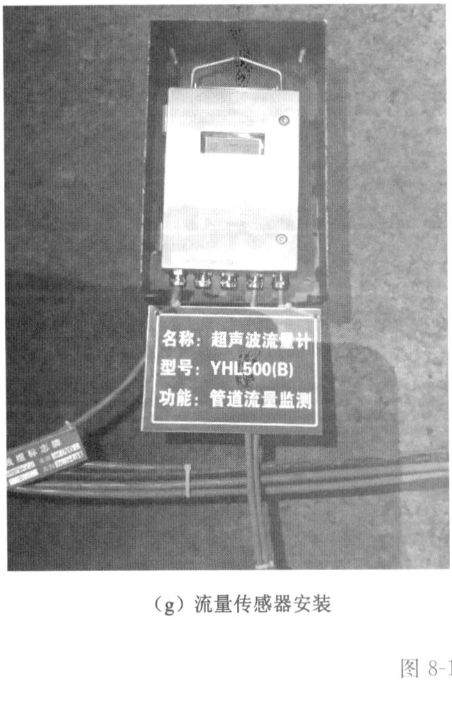

（g）流量传感器安装

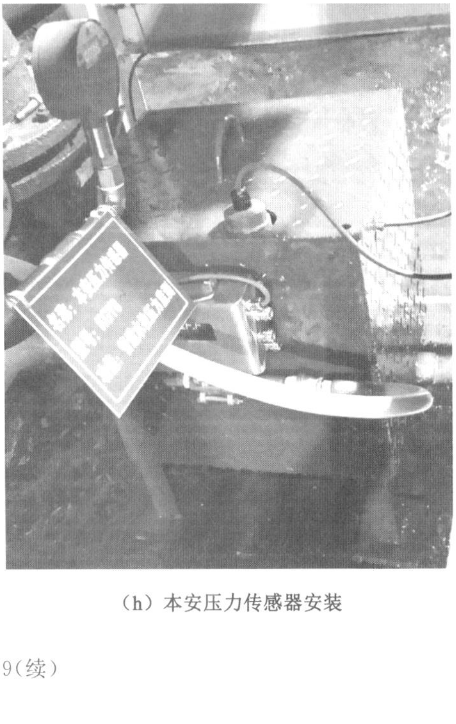

（h）本安压力传感器安装

图 8-19(续)

8.3　水库监测系统软件实施方案

系统建设完成后应能够使水库上下各分布式地下水库的实时监测信息在异构条件下进行有效集成，能够将各水库的数据进行有机整合，进而实现相关联水文数据的综合分析并进行动态的实时评估，在地面调度监控中心的操作人员通过相应的权限能够对地下水库的主要参数进行实时监测和控制，实现分布式地下水库的数据采集、生产调度、决策指挥的信息化、科学化，为水库安全生产、有效预防和及时处理各种突发事故提供有效手段，为水库信息化的应用和发展奠定基础。

考虑到地下水库于空间信息上的不可见性，首先需要搭建矢量化的三维水库场景，可以在场景中实现移动、缩放、定位、巡航等操作，通过实时数据驱动的仿真动画逼真地再现水库的状况，并且要实现三维场景的任意缩放和 360°任意视角查看，以达到全面监控的目的。

从数据组织与应用角度，需要将基础数据分为空间数据与实时数据两类，从而基于两类数据进行上层应用与表现。总体上软件分为五层，如图 8-20 所示，分别为设备层、数据层、模型层、应用层、展现层。

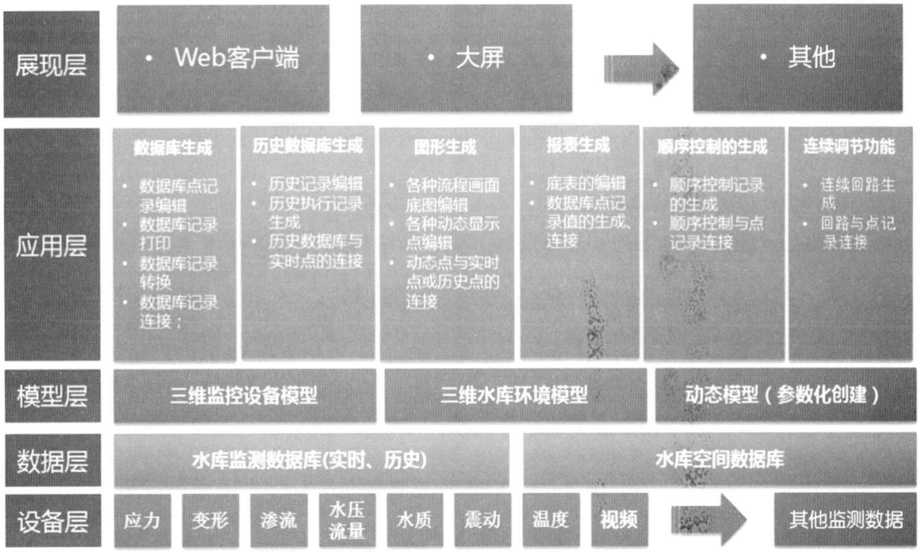

图 8-20　软件总体架构图

(1) 设备层：各监测设备采集并上传基础数据，包括防水坝体的应力监测、变形监测、渗漏监测、水位监测、水质监测、震动监测、温度监测、振弦式传感器信号采集、视频监控、输排水自动控制。

(2) 数据层:各监测设备采集到的数据转存在数据库中,主要为水库监测数据库和水库空间数据库;水库监测数据库存储各项历史和实时数据,水库空间数据库存储水库三维建模需要的空间信息。

(3) 模型层:从数据层获取数据,构建三维地下水库模型和三维监控模型;采用硬件图形加速技术,使用内置的3D引擎,无须借助第三方平台,可以创建2D和3D矢量制图,实现水库场景还原,实现基于组态环境的3D虚拟现实展现。

(4) 应用层:响应招标要求,实现客户所需要的各类组态应用,如实时监测表现、报表与历史记录查询等功能。

(5) 展现层:利用WEB客户端进行最终的用户交互与展示,可根据需要采用投大屏或其他展示方式。

软件内容包括:

① 基于3DGIS技术构建矿井三维巷道网络空间数据。利用矿井测量原始数据,基于3DGIS技术平台在统一的三维空间坐标下构建三维巷道模型及其巷道网络等矿井空间数据,为水库监测提供位置信息服务。

② 基于GENESIS64系统研究三维监控组态软件模块设计。研究地下水库监测的三维组态实现方法,以及组态软件模块化设计方法,解决空间位置与三维组态界面的集成。

③ 研究基于GENESIS64的数据采集系统设计。实现原始数据的采集,同时构架数据存储与支撑平台。

④ 研究地下水库监测数据库设计方法。实现高速、高可靠性、高性能的企业级实时数据库和历史数据。

⑤ 研究WEB发布设计及客户端三维交互方法。将显示界面发布到网页上,让用户无论身处何地,都能通过查看浏览器保持对所有应用的完全掌控。

⑥ 基于GENESIS64的监控软件系统总体架构研究。研究从监测仪器数据源的采集、配置、组态界面、空间定位、测点报警、趋势分析、报表统计、WEB发布等功能的集成架构设计,监测点位见表8-10～表8-13。

表8-10 1# 水库监测点位表

序号	库区	监测坝体	安装位置	传感器类型	监测内容
1	1# 水库	2^{-2}煤406 1# 坝体	坝体左上角	埋入式应变计	坝体与顶板岩体相位移
2			坝体右上角	埋入式应变计	坝体与顶板岩体相位移
3			坝体右下角	埋入式应变计	坝体与顶板岩体相位移
4			坝体左下角	埋入式应变计	坝体与顶板岩体相对位移

表8-10(续)

序号	库区	监测坝体	安装位置	传感器类型	监测内容
5	1# 水库	2^{-2}煤406 2# 坝体	坝体左上角	埋入式应变计	坝体与顶板岩体相对位移
6			坝体右上角	埋入式应变计	坝体与顶板岩体相对位移
7			坝体右下角	埋入式应变计	坝体与顶板岩体相对位移
8			坝体左下角	埋入式应变计	坝体与顶板岩体相对位移
9		2^{-2}煤406 3# 坝体	坝体左上角	埋入式应变计	坝体与顶板岩体相对位移
10			坝体右上角	埋入式应变计	坝体与顶板岩体相对位移
11			坝体右下角	埋入式应变计	坝体与顶板岩体相对位移
12			坝体左下角	埋入式应变计	坝体与顶板岩体相对位移
13			水仓引水沟	量水堰计	3个坝体渗水量
14			水仓引水沟	量水堰计	3个坝体渗水量
15			406巷道壁	微震解调仪	1# 水库406巷道壁振动
16			406供水管	管道流量计	406供水
17			406回水管	管道流量计	406回水
18			406供水管	管道压力表	406供水压力
19			406回水管	管道压力表	406回水压力
20			406至5^{-2}煤供水管	管道压力表	406至5^{-2}煤供水压力

表8-11　2# 水库监测点位表

序号	库区	监测坝体	安装位置	传感器类型	监测内容
1	2# 水库	2^{-2}煤201 1# 坝体	坝体左上角	埋入式应变计	坝体与顶板岩体相对位移
2			坝体右上角	埋入式应变计	坝体与顶板岩体相对位移
3			坝体右下角	埋入式应变计	坝体与顶板岩体相对位移
4			坝体左下角	埋入式应变计	坝体与顶板岩体相对位移
5		2^{-2}煤201 2# 坝体	坝体左上角	埋入式应变计	坝体与顶板岩体相对位移
6			坝体右上角	埋入式应变计	坝体与顶板岩体相对位移
7			坝体右下角	埋入式应变计	坝体与顶板岩体相对位移
8			坝体左下角	埋入式应变计	坝体与顶板岩体相对位移
9			水仓引水沟	量水堰计	2个坝体渗水量
10			水仓引水沟	量水堰计	2个坝体渗水量
11			201至地面供水管	管道流量计	201至地面供水流量
12			201至406供水管	管道流量计	201至406供水流量
13			201至地面供水管	管道压力表	406供水压力
14			201至406供水管	管道压力表	406供水压力

表 8-12 3# 水库监测点位表

序号	库区	监测坝体	安装位置	传感器类型	监测内容
1	3# 水库	2^{-2}煤 608 坝体	坝体左上角	埋入式应变计	坝体与顶板岩体相对位移
2			坝体右上角	埋入式应变计	坝体与顶板岩体相对位移
3			坝体右下角	埋入式应变计	坝体与顶板岩体相对位移
4			坝体左下角	埋入式应变计	坝体与顶板岩体相对位移
5		2^{-2}煤 616 1# 坝体	坝体左上角	埋入式应变计	坝体与顶板岩体相对位移
6			坝体右上角	埋入式应变计	坝体与顶板岩体相对位移
7			坝体右下角	埋入式应变计	坝体与顶板岩体相对位移
8			坝体左下角	埋入式应变计	坝体与顶板岩体相对位移
9		2^{-2}煤 616 2# 坝体	坝体左上角	埋入式应变计	坝体与顶板岩体相对位移
10			坝体右上角	埋入式应变计	坝体与顶板岩体相对位移
11			坝体右下角	埋入式应变计	坝体与顶板岩体相对位移
12			坝体左下角	埋入式应变计	坝体与顶板岩体相对位移
13			水仓引水沟	量水堰计	0 度水仓进水
14			3# 水库至 5^{-2}煤供水管	管道流量计	3# 水库至 5^{-2}煤供水流量
15			5^{-2}煤至 3# 水库回水管	管道流量计	5^{-2}煤至 3# 水库回水流量

表 8-13 306 水库监测点位表

序号	库区	监测坝体	安装位置	传感器类型	监测内容
1	5^{-2}煤 306 水库	306 1# 坝体	坝体左上角	埋入式应变计	坝体与顶板岩体相对位移
2			坝体右上角	埋入式应变计	坝体与顶板岩体相对位移
3			坝体右下角	埋入式应变计	坝体与顶板岩体相对位移
4			坝体左下角	埋入式应变计	坝体与顶板岩体相对位移
5		306 2# 坝体	坝体左上角	埋入式应变计	坝体与顶板岩体相对位移
6			坝体右上角	埋入式应变计	坝体与顶板岩体相对位移
7			坝体右下角	埋入式应变计	坝体与顶板岩体相对位移
8			坝体左下角	埋入式应变计	坝体与顶板岩体相对位移
9		306 3# 坝体	坝体左上角	埋入式应变计	坝体与顶板岩体相对位移
10			坝体右上角	埋入式应变计	坝体与顶板岩体相对位移
11			坝体右下角	埋入式应变计	坝体与顶板岩体相对位移
12			坝体左下角	埋入式应变计	坝体与顶板岩体相对位移

二维数据采集平台如图 8-21～图 8-23 所示。

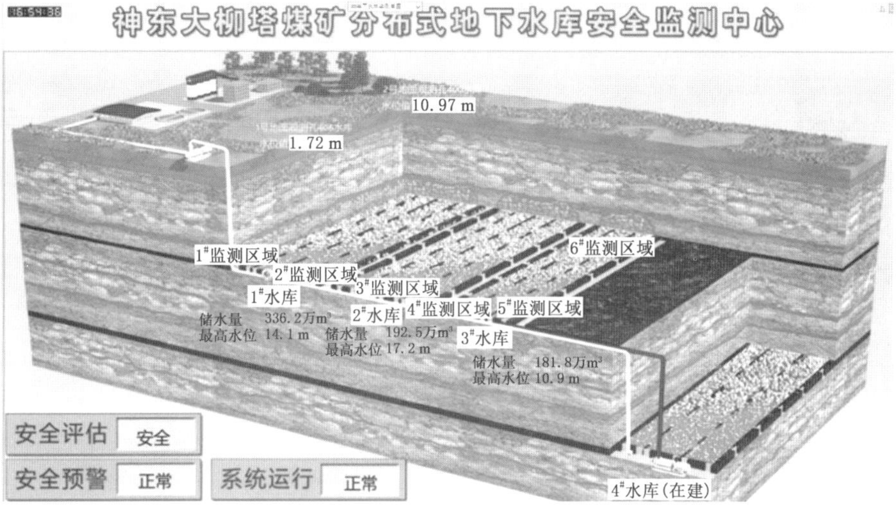

图 8-21　二维总平台 1 截图

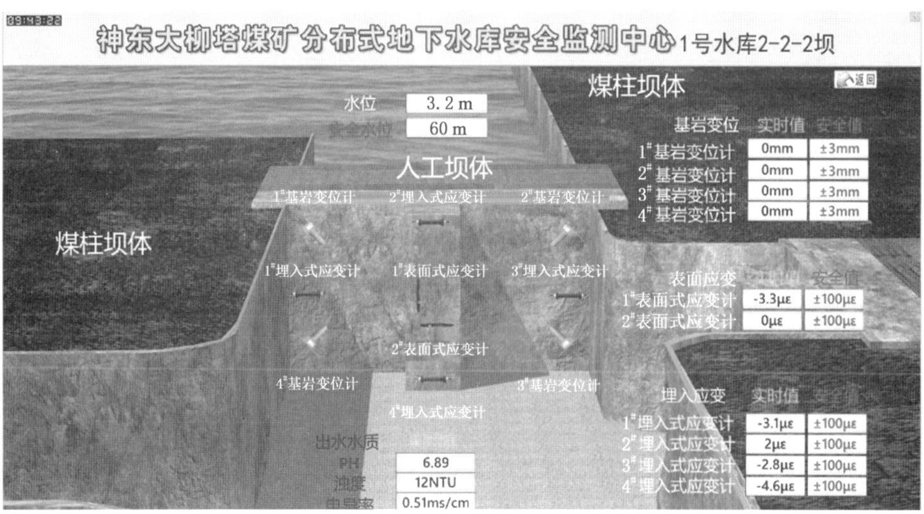

图 8-22　坝体监测平台截图

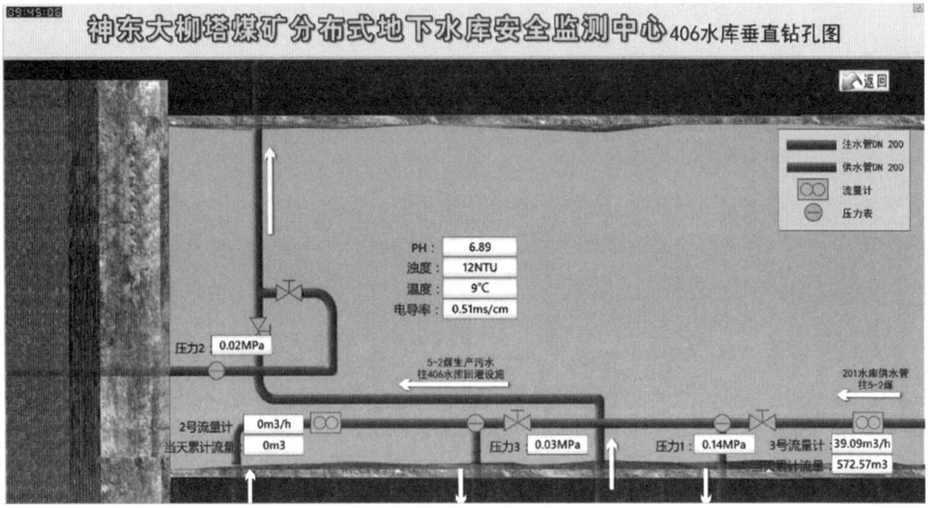

图 8-23　垂直钻孔图截图

三维数据采集平台及监测结果如图 8-24～图 8-27 所示。

图 8-24　三维总体平台截图

图 8-25　三维坝体截图

图 8-26　三维管路截图

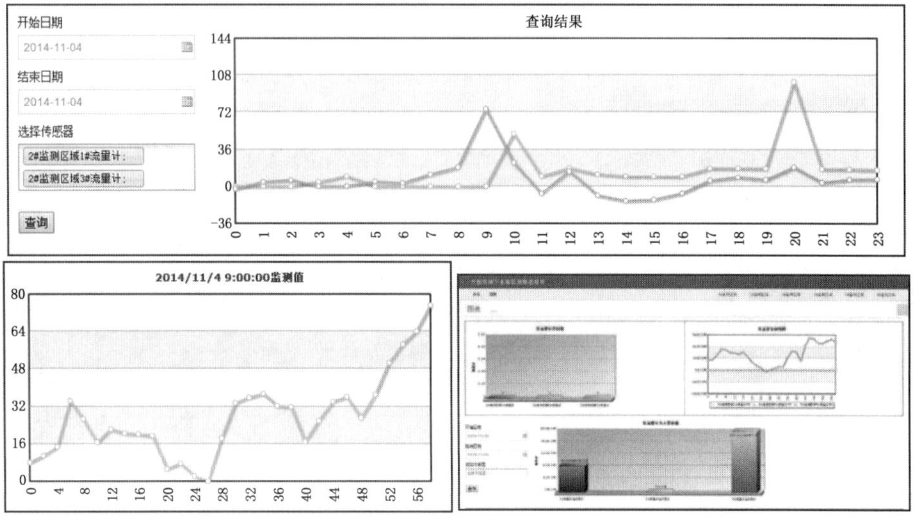

图 8-27　各类数据曲线截图

8.4　本章小结

（1）地下水库监测系统主要由前端传感器、中间采集传输器、后段数据处理设备三部分组成。光纤传感器具有损耗小、范围广、安全性高、支持分布式测量等优点，监测系统采用光纤实现信息采集与传输一体化。

（2）提出了地下水库安全检测系统软件实施方案，软件分为设备层、数据层、模型层、应用层、展现层 5 层。该软件使各分布式地下水库的实时监测信息在异构条件下有效集成，实现各水库数据的有机整合，调度监控中心操作人员通过相应的权限能够对地下水库的主要参数进行实时监测和控制，为水库安全生产、有效预防和及时处理各种突发事故提供有效手段，为水库信息化的应用和发展奠定基础。

第9章　结论与展望

9.1　主要结论

为实现生态脆弱矿区煤矿水资源保护与利用，秉持“导、储、用”理念，根据神东矿区补连塔煤矿、大柳塔煤矿、锦界煤矿等地下水库工程条件，围绕煤柱坝体损伤机理及控制研究主题，综合运用现场调研、实验室测试、理论分析、数值计算、物理模拟及现场试验等研究方法，对高强度采掘扰动下煤柱坝体动静载响应机制、水浸煤柱坝体渗流场演化规律、“应力-水”耦合作用煤柱坝体累积损伤演化机理等进行了系统分析，研究成果可为生态脆弱区地下水库长期安全运行提供理论指导。主要研究成果包括：

(1) 综合XRD、核磁共振、CT扫描等手段，提出了煤体孔裂隙结构与矿物成分的精确表征重构方法。采用XRD矿物成分分析仪获得矿物成分含量，进而精确确定CT扫描重构矿物成分阈值范围；采用核磁共振仪实测煤样孔隙率及孔径分布特征，进而确定CT扫描重构孔裂隙的阈值范围；通过可视化软件Avizo对模型进行三维重构，重构获得的孔径分布基本与核磁共振结果一致，表明使用的分割阈值范围准确度较高。

(2) 提出了基于CT扫描的煤样浸水前后孔隙及矿物成分演化特征量化分析方法。试验获得的浸水前后煤样孔隙半径分别在0.001 2～0.574 2 μm、0.001 4～0.433 7 μm区间。煤样总体孔隙率由浸水前的20.3%增加到了浸水后的22.6%，矿物成分体积占比则由浸水前的9.6%降至7.9%。孔隙率的增加主要是由于亲水黏土矿物成分溶于水所致。连通性裂隙与整个模型的体积比由浸水前的19.21%增加到浸水后的21.29%，孤立孔与整个模型的体积比由浸水前的1.12%增加到了浸水后的1.28%，增加的主要为连通性裂隙。

(3) 基于煤样采动水浸力学试验，多次循环加卸载过程中煤样发生了累积疲劳损伤。循环加卸载1次后煤样极限破坏载荷的变化幅度较小，而循环加卸载2次和3次后的损伤载荷变化较为显著；循环加卸载3次煤样裂隙的发育程度和损伤状况较为显著。相同循环加卸载次数下，不同浸水周期造成煤样强度呈现出逐步减小的状态。循环加卸载 3 次、浸水周期在 7～14 d 时的吸水量变化较平稳，浸水周期达到 21 d 时吸水量再次增加。随应力增加、浸水周期延伸，损伤煤样的弹性变形时段逐步减少，塑性劣化时段的载荷波动次数陡增，残余承载效应持续存在。

(4) 结合典型浅埋煤层地下水库条件，采用相似材料流固耦合模拟试验方法，建立了浅埋煤层地下水库流固耦合大尺寸立体模型。煤层开挖后，顶板岩层先后经历“弯曲下沉—裂隙发育—破断垮落”的动态演化过程，顶板在实体煤临空侧形成倒台阶结构，煤柱应力呈现先增大后减小的演化特征。试验结果显示岩层渗压下降速率与裂隙发育程度呈正相关，可通过岩层渗压下降速率表征岩层裂隙发育程度。

(5) 采用 $FLAC^{3D}$ 数值模拟研究煤柱坝体动静载响应特征，按照应力增量变化的趋势，将超前支承压力影响范围分为塑性区、应力陡增区、应力缓增区 3 个区域；在工作面超前支承压力影响范围内，煤体应力变化曲线可拟合为 $S=13.342x^{-0.302}$。巷间煤柱内竖向应力呈马鞍形分布，支承压力随着距煤帮的距离先急剧增高，达到峰值点后先急后缓回落到原岩应力，煤帮内巷硐等采掘空间可改变一定范围的应力分布，但距离煤帮较近的采掘空间应力积聚峰值大于距离煤帮较远的采掘空间应力积聚峰值；同时，应力峰值点随着受支承压力影响程度的增高而逐渐深入煤帮内部。

(6) 煤柱坝体所处应力环境中矿山微震等动载荷最终以应力波的形式作用在煤体上，动载荷作用下的巷道围岩塑性区发育面积及发育深度显著增加，竖向应力积聚强度增大，极值点往煤帮纵深方向发展；随着动载荷烈度的增大，巷道围岩塑性区发育深度和发育面积逐渐增大，巷道围岩竖向应力极值逐渐增大，极值点逐渐向巷帮深处转移。巷道围岩松动圈的分布反映出巷道围岩损伤的程度，与采场支承压力分布规律类似，巷道正帮松动圈的发育深度小于巷道负帮松动圈发育深度，邻近工作面的采动作用会加剧围岩松动圈发育。

(7) 提出一种数值模拟含水率的表征方法，并使用 UDEC 数值模拟软件得以验证。在考虑煤柱坝体水浸弱化的基础上，研究了复杂应力场下采掘空间围岩裂隙发育特征、煤柱坝体裂隙场与渗流场演化规律、水浸作用下煤柱坝体损伤破坏发育规律。受渗流场分布特性影响，水浸弱化的区域均分布在渗流影响范围内的回风巷道巷帮一侧，弱化后的煤柱坝体损伤程度加剧，发育出更多相互贯穿的裂隙，进而引起渗流场向煤柱深部扩展，同时使煤柱深部未受水浸影响的煤体发生水浸弱化，使得煤柱坝体损伤程度进一步加剧。

(8) 按照所处的弹塑性状态，煤柱坝体可分为外侧塑性区(邻近采空区侧)、弹性核区和内侧塑性区(邻近辅助巷道煤帮侧)，通过弹塑性平衡理论分析，保证煤柱坝体在重复采动作用下稳定性的最小宽度为12 m。采用水浸弱化处理的煤柱坝体渗流应力耦合数值模型计算结果表明，取得稳定性与占用资源平衡的煤柱坝体留设宽度范围为18～20 m。通过设置隔水帷幕、强化巷道支护方式可有效解决水浸对煤体的弱化作用，缓解复杂应力场与水浸环境下煤柱坝体的损伤程度，提高煤柱坝体的稳定性。

(9) 设计了煤矿地下水库安全监测系统及实施方案，监测地下水库坝体的形变、位移、压力和水库储水区水压、水质等参数并实现震动值的连续测量，利用3DGIS技术对地下水库的空间地理信息进行准确表达，并结合三维组态技术将重点监测场景嵌入三维空间中，为地下水库安全监测提供多重手段。

9.2 展望

(1) 煤矿地下水库工程向深部矿井、废弃矿井推广应用。目前神东矿区已成功建设多个煤矿地下水库，但建设区域一般为在产矿井浅埋煤层，开采环境及采空区范围相对清楚，且地质条件相对简单。我国由于资源枯竭而产生的废弃/关闭煤矿的地下可利用空间量巨大，其中徐州矿区开采至今已逾130年，形成了面积高达140 km^2 的采空区。利用矿井采空区构建地下储滤水库，借助采空区破碎煤岩体净化矿井水的作用，对矿井水进行集中存储—净化—利用，促进资源枯竭型矿井企业脱困和区域经济转型发展，也是解决水资源匮乏的有效途径。

(2) 探究长期复杂应力与水浸影响下煤柱坝体稳定性问题。现阶段建设成的矿井地下水库运行时间较短，一般在10年以内。煤柱坝体、人工坝体、损伤更剧烈的残留煤柱等，在长时间水浸及加卸载循环作用下，坝体结构、强度将进一步发生变化，进而影响地下水库工程坝体结构稳定性。长期的受载和水浸弱化作用势必会造成坝体结构的进一步损伤，进而造成顶板下沉，影响矿井地下水库的稳定性与库容能力。因此，有必要进行长期受载循环与水浸作用下煤岩体稳定性的研究。

(3) 充分开发煤矿地下水库净水、地热、空间等资源能源。现阶段矿井地下水库多以储水、净水为目标，有待于进一步开发水温调节利用与空间储能等功能，尤其是结合深部矿井，利用低温水—围岩作用升温—温度较高水的特征，解决高温热害问题，变害为利，开发利用矿井水余热；同时利用煤层群采空区高差进行采空区储水蓄能调峰。

(4) 利用地下水库"导、储、用"理念改善矿区生态环境。探究煤层开采覆岩运移对地下水、地表水系的影响规律，发挥采空区储存、净化矿井水作用，梯度利用不同净化程度的矿井水，为井下生产、地面生活、植被绿化等提供水资源，形成区域性水循环系统，进一步涵养和保护矿区水系与生态环境。

参考文献

[1] 顾大钊,张勇,曹志国.我国煤炭开采水资源保护利用技术研究进展[J].煤炭科学技术,2016,44(1):1-7.

[2] 顾大钊.煤矿地下水库理论框架和技术体系[J].煤炭学报,2015,40(2):239-246.

[3] 彭苏萍.煤炭资源与水资源[M].北京:科学出版社,2014.

[4] 武强,申建军,王洋."煤-水"双资源型矿井开采技术方法与工程应用[J].煤炭学报,2017,42(1):8-16.

[5] 王家臣,刘峰,王蕾.煤炭科学开采与开采科学[J].煤炭学报,2016,41(11):2651-2660.

[6] 姜素,黄敬军,徐智敏,等.徐州煤矿采空区地下水库建库可行性研究[J].水文地质工程地质,2018,45(5):17-23.

[7] WANG F T, TU S H, ZHANG C, et al. Evolution mechanism of water-flowing zones and control technology for longwall mining in shallow coal seams beneath gully topography[J]. Environmental earth sciences, 2016, 75(19):1309-1325.

[8] 王双明,申艳军,孙强,等.西部生态脆弱区煤炭减损开采地质保障科学问题及技术展望[J].采矿与岩层控制工程学报,2020,2(4):5-19.

[9] 郭文兵,白二虎,赵高博.高强度开采覆岩地表破坏及防控技术现状与进展[J].煤炭学报,2020,45(2):509-523.

[10] 钱鸣高.煤炭产能扩张引发中西部环境隐忧[J].资源环境与发展,2011,36(4):4-7.

[11] 曹志国,李全生,董斌琦.神东矿区煤炭开采水资源保护利用技术与应用[J].煤炭工程,2014,(10):162-164.

[12] 吴疆宇,冯梅梅,张文力,等.围压及孔隙水压对饱水砂岩能耗特征的影响[J].应用基础与工程科学学报,2019,27(1):180-193.

[13] 赵丽,孙艳芳,杨志斌,等.煤矸石去除矿井水中水溶性有机物及氨氮的实验研究[J].煤炭学报,2018,43(1):236-241.

[14] 孙亚军,陈歌,徐智敏,等.我国煤矿区水环境现状及矿井水处理利用研究进展[J].煤炭学报,2020,45(1):304-316.
[15] Zhang C,Jia S,Bai Q,et al.CFD-DEM coupled simulation of broken rock mass movement during water seepage in an underground goaf reservoir[J].Mine water and the environment,2021,40(4):1048-1060
[16] ZHANG C,WANG F T,BAI Q S.Underground space utilization of coalmines in China:a review of underground water reservoir construction[J].Tunnelling and underground space technology incorporating trenchless technology research,2021,107:1-18.
[17] 汪北方,梁冰,姜利国,等.采空区垮落岩体空隙储水分形计算及应用研究[J].岩石力学与工程学报,2015,34(7):1444-1451.
[18] 姚强岭,郝琪,陈翔宇,等.煤矿地下水库煤柱坝体宽度设计[J].煤炭学报,2019,44(03):890-898.
[19] 刘晓丽,曹志国,陈苏社,等.煤矿分布式地下水库渗流场分析及优化调度[J].煤炭学报,2019,44(12):3693-3699.
[20] 方志远,鞠金峰,曹志国,等.基于正交异性板模型的煤矿地下水库人工坝体结构优化[J].煤炭学报,2020,45(4):1375-1384.
[21] 张村,贾胜,吴山西,等.基于矿井地下水库的煤矿采空区地下空间利用模式与关键技术[J].科技导报,2021,39(13):36-46.
[22] 张村,韩鹏华,王方田,等.采动水浸作用下矿井地下水库残留煤柱稳定性[J].中国矿业大学学报,2021,50(2):220-227,247.
[23] 顾大钊,颜永国,张勇,等.煤矿地下水库煤柱动力响应与稳定性分析[J].煤炭学报,2016,41(7):1589-1597.
[24] 王方田,梁宁宁,李岗,等.复杂应力环境煤柱坝体损伤破坏规律研究[J].采矿与安全工程学报,2019(6):1145-1152.
[25] 王方田,屠世浩.浅埋房式采空区下近距离煤层长壁开采致灾机制及防控技术[M].徐州:中国矿业大学出版社,2015.
[26] 冯增朝,赵阳升,文再明.煤岩体孔隙裂隙双重介质逾渗机理研究[J].岩石力学与工程学报,2005,24(2):236-240.
[27] 梁冰,汪北方,姜利国,等.浅埋采空区垮落岩体碎胀特性研究[J].中国矿业大学学报,2016,45(3):475-482.
[28] 张玉军,张维庆.一种双重孔隙介质水-应力耦合模型及其有限元分析[J].岩土工程学报,2010,32(3):325-329.
[29] 张村,屠世浩,赵毅鑫,等.基于渗流实验的三轴流固耦合离散元数值模拟

研究[J]. 矿业科学学报，2019，4(1)：23-33.
[30] 姚邦华，王连成，魏建平，等. 煤矿陷落柱突水的变形-渗流-冲蚀耦合模型及应用[J]. 煤炭学报，2018，43(7)：2007-2013.
[31] WANG L Z，KONG H L，KARAKUS M. Hazard assessment of groundwater inrush in crushed rock mass：an experimental investigation of mass-loss-induced change of fluid flow behavior[J]. Engineering geology，2020，277：1-12.
[32] 秦玉金，苏伟伟，田富超，等. 煤层注水微观效应研究现状及发展方向[J]. 中国矿业大学学报，2020，49(3)：428-444.
[33] 郭德春，张蕊，邵明喜，等. 下组煤底板岩层阻渗性实测研究[J]. 应用基础与工程科学学报，2017，25(1)：78-88.
[34] WAYBRANT R K，PTACEK J C，BLOWES W D. Treatment of mine drainage using permeable reactive barriers：column experiments [J]. Environmental science & technology，2002，36(6)：1349-1356.
[35] SIVAKUMAR M，MORTON S，SINGH R N. Case history analysis of mine water pollution in New South Wales[J]. Environmental science，1994，2：823-834.
[36] HANSON G，NILSSON Å. Ground-water dams for rural-water supplies in developing countries[J]. Ground water，1986，24(4)：497-506.
[37] ISHIDA S，TSUCHIHARA T，YOSHIMOTO S，et al. Sustainable use of groundwater with underground dams[J]. Japan agricultural research quarterly，2011，45(1)：51-61.
[38] BUKOWSKI P，WAGNER J，WITKOWSKI A. Use of void space in abandoned mines in the Upper Silesia Coal Basin(Poland)[C]//Proceedings of the IMWA symposium：water in mining environments. Cagliari，Italy：IMWA，2007：147-151.
[39] 钱鸣高，缪协兴，许家林. 资源与环境协调(绿色)开采[J]. 煤炭学报，2007，32(1)：1-7.
[40] 钱鸣高. 煤炭的科学开采[J]. 煤炭学报，2010，35(4)：529-534.
[41] 钱鸣高，许家林，缪协兴. 煤矿绿色开采技术[J]. 中国矿业大学学报，2003(4)：5-10.
[42] 胡小娟，李文平，曹丁涛，等. 综采导水裂隙带多因素影响指标研究与高度预计[J]. 煤炭学报，2012，37(4)：613-620.
[43] 许家林，朱卫兵，王晓振. 基于关键层位置的导水裂隙带高度预计方法[J]. 煤炭学报，2012，37(5)：762-769.

[44] 许家林,王晓振,刘文涛,等.覆岩主关键层位置对导水裂隙带高度的影响[J].岩石力学与工程学报,2009,28(2):380-385.
[45] 李全生,鞠金峰,曹志国,等.基于导水裂隙带高度的地下水库适应性评价[J].煤炭学报,2017,42(8):2116-2124.
[46] 顾大钊.能源"金三角"煤炭现代开采水资源及地表生态保护技术[J].中国工程科学,2013,15(4):102-107.
[47] 顾大钊,张建民.西部矿区现代煤炭开采对地下水赋存环境的影响[J].煤炭科学技术,2012,40(12):114-117.
[48] 谭云亮,张明,徐强,等.坚硬顶板型冲击地压发生机理及监测预警研究[J].煤炭科学技术,2019,47(1):166-172.
[49] 康红普,冯彦军.定向水力压裂工作面煤体应力监测及其演化规律[J].煤炭学报,2012,37(12):1953-1959.
[50] 刘斌,李术才,李树忱,等.电阻率层析成像法监测系统在矿井突水模型试验中的应用[J].岩石力学与工程学报,2010,29(2):297-307.
[51] 刘静,刘盛东,杨胜伦,等.采动过程中顶板围岩水渗流自然电位响应特征[J].煤炭学报,2013,38(6):1031-1037.
[52] 张素新,肖红艳.煤储层中微孔隙和微裂隙的扫描电镜研究[J].电子显微学报,2000,19(4):531-532.
[53] 付裕,冯中亮,李佩禅.基于CT扫描的煤岩非均质特征及其重建模型数值分析[J].采矿与安全工程学报,2020,37(4):828-835.
[54] 张慧,李小彦.扫描电子显微镜在煤岩学上的应用[J].电子显微学报,2004,23(4):467.
[55] 鞠杨,谢和平,郑泽民,等.基于3D打印技术的岩体复杂结构与应力场的可视化方法[J].科学通报,2014,59(32):3109-3119.
[56] JU Y,XIE H P,ZHENG Z M,et al. Visualization of the complex structure and stress field inside rock by means of 3D printing technology[J]. Chinese science bulletin,2014,59(36):5354-5365.
[57] LI H M,LI H G,WANG K L,et al. Effect of rock composition microstructure and pore characteristics on its rock mechanics properties[J]. International journal of mining science and technology,2018,28(2):303-308.
[58] 李振华,丁鑫品,程志恒.薄基岩煤层覆岩裂隙演化的分形特征研究[J].采矿与安全工程学报,2010,27(4):576-580.
[59] MULJADI B P,BLUNT M J,RAEINI A Q,et al. The impact of porous media heterogeneity on non-Darcy flow behaviour from pore-scale

simulation[J]. Advances in water resources,2016,95(9):329-340.
[60] ZHAO Y X,ZHU G P,DONG Y H,et al. Comparison of low-field NMR and microfocus X-ray computed tomography in fractal characterization of pores in artificial cores[J]. Fuel,2017,210(12):217-226.
[61] 杨金保,冯夏庭,潘鹏志. 考虑应力历史的岩石单裂隙渗流特性试验研究[J]. 岩土力学,2013,34(6):1629-1635.
[62] SINGH K K,SINGH D N,RANJITH P G. Laboratory simulation of flow through single fractured granite[J]. Rock mechanics and rock engineering,2015,48(3):987-1000.
[63] 王文. 含水煤样动静组合加载力学响应试验研究[D]. 焦作:河南理工大学,2016.
[64] 邓华锋,胡安龙,李建林,等. 水岩作用下砂岩劣化损伤统计本构模型[J]. 岩土力学,2017,38(3):631-639.
[65] 杨永杰,楚俊,郇冬至,等. 煤岩固液耦合应变-渗透率试验[J]. 煤炭学报,2008(7):760-764.
[66] ZHANG Z Y,JAN N,REN T,et al. Influence of void space on microscopic behavior of fluid flow in rock joints[J]. International journal of mining science and technology,2014,24(3):335-340.
[67] 朱珍德,刘立民. 脆性岩石动态渗流特性试验研究[J]. 煤炭学报,2003(6):588-592.
[68] 李世平,李玉寿,吴振业. 岩石全应力应变过程对应的渗透率-应变方程[J]. 岩土工程学报,1995(2):13-19.
[69] WANG F T,LIANG N N,LI G. Damage and failure evolution mechanism for coal pillar dams affected by water immersion in underground reservoirs[J]. Geofluids,2019(1):1-12.
[70] 屠世浩,张村,杨冠宇,等. 采空区渗透率演化规律及卸压开采效果研究[J]. 采矿与安全工程学报,2016,33(4):571-577.
[71] ZHANG C,TU S H,ZHANG L. Analysis of broken coal permeability evolution under cyclic loading and unloading conditions by the model based on the hertz contact deformation principle[J]. Transport in porous media,2017,119(3):739-754.
[72] ZHANG C,LIU J B,ZHAO Y X,et al. A fluid-solid coupling method for the simulation of gas transport in porous coal and rock media[J]. Energy science,2019,7(5):1913-1924.

[73] ZHANG C,ZHANG L,TU S H,et al. Experimental and numerical study of the influence of gas pressure on gas permeability in pressure relief gas drainage[J]. Transport in porous media,2018,124(3):995-1015.

[74] TSUR-LAVIE Y,DENEKAMP S A. Size and shape effect in pillar design [J]. Developments in geotechnical engineering,1981(32):245-248.

[75] WACLAWIK P,PTACEK J,KONICEK P,et al. Stress-state monitoring of coal pillars during room and pillar extraction[J]. Journal of sustainable mining,2016,15(2):49-56.

[76] KOSTECKI T, SPEARING A J S. Influence of backfill on coal pillar strength and floor bearing capacity in weak floor conditions in the Illinois Basin[J]. International journal of rock mechanics and mining sciences, 2015,76(6):55-67.

[77] 郭文兵,邓喀中,邹友峰. 走向条带煤柱破坏失稳的尖点突变模型[J]. 岩石力学与工程学报,2004,23(12):1996-2000.

[78] CHEN S J,WANG H L,WANG H Y,et al. Strip coal pillar design based on estimated surface subsidence in Eastern China[J]. Rock mechanics and rock engineering,2016,49(9):3829-3838.

[79] 陈绍杰,尹大伟,张保良,等. 顶板-煤柱结构体力学特性及其渐进破坏机制研究[J]. 岩石力学与工程学报,2017,36(7):1588-1598.

[80] 张国恩. 煤矿地下水库人工挡水坝安全性分析[J]. 中国煤炭,2014,40(增刊1):78-81,86.

[81] 张彦宾. 条带开采工程非线性动力稳定性研究[D]. 焦作:河南理工大学,2012.

[82] 宋选民,王安. 浅埋煤层回采巷道合理煤柱宽度的实测研究[J]. 太原理工大学学报,2003(6):674-678.

[83] 冯国瑞,白锦文,史旭东,等. 遗留煤柱群链式失稳的关键柱理论及其应用展望[J]. 煤炭学报,2021,46(1):164-179.

[84] 王方田,屠世浩,李召鑫,等. 浅埋煤层房式开采遗留煤柱突变失稳机理研究[J]. 采矿与安全工程学报,2012,29(6):770-775.

[85] 赵宾,王方田,梁宁宁,等. 高应力综放面区段煤柱合理宽度与控制技术[J]. 采矿与安全工程学报,2018,35(1):19-26.

[86] 赵宾,梁宁宁,王方田,等. 浅埋高强度采动巷道围岩松动圈演化规律研究[J]. 煤炭科学技术,2018,46(5):33-39,46.

[87] 白东尧,鞠金峰,许家林,等. 李家壕煤矿地下水库人工坝体稳定性研究

[J]. 煤炭学报,2017,42(7):1839-1845.
[88] 姚强岭,刘亚鹏,陈田,等. 地下水库人工坝体强度损伤演化特征试验研究[J]. 煤炭学报,2018,43(4):1111-1117.
[89] 方杰,宋洪庆,徐建建,等. 考虑有效应力影响的煤矿地下水库储水系数计算模型[J]. 煤炭学报,2019,44(12):3750-3759.
[90] WANG G,JIANG C H,SHEN J N,et al. Deformation and water transport behaviors study of heterogenous coal using CT-based 3D simulation[J]. International journal of coal geology,2019,211(4):103204.
[91] WANG Y,LI C H,HU Y Z.3D image visualization of meso-structural changes in a bimsoil under uniaxial compression using X-ray computed tomography(CT)[J]. Engineering geology,2019,248:61-69.
[92] WANG G,SHEN J N,LIU S M,et al. Three-dimensional modeling and analysis of macro-pore structure of coal using combined X-ray CT imaging and fractal theory[J]. International journal of rock mechanics and mining sciences,2019,123:104082.
[93] 鞠金峰,许家林,朱卫兵. 西部缺水矿区地下水库保水的库容研究[J]. 煤炭学报,2017,42(2):381-387.
[94] 庞义辉,李全生,曹光明,等. 煤矿地下水库储水空间构成分析及计算方法[J]. 煤炭学报,2019,44(2):557-566.
[95] 谢和平,高明忠,刘见中,等. 煤矿地下空间容量估算及开发利用研究[J]. 煤炭学报,2018,43(6):1487-1503.
[96] 谢和平,周宏伟,刘建锋,等. 不同开采条件下采动力学行为研究[J]. 煤炭学报,2011,36(7):1067-1074.
[97] BAI Q S,TU S H,WANG F T,et al. Field and numerical investigations of gateroad system failure induced by hard roofs in a longwall top coal caving face[J]. International journal of coal geology,2017,173:176-199.
[98] ZHANG C,TU S. Control technology of direct passing karstic collapse pillar in longwall top-coal caving mining[J]. Natural hazards,2016,84(1):17-34.
[99] 何满潮,陈上元,郭志飚,等. 切顶卸压沿空留巷围岩结构控制及其工程应用[J]. 中国矿业大学学报,2017,46(5):959-969.
[100] 齐庆新,潘一山,李海涛,等. 煤矿深部开采煤岩动力灾害防控理论基础与关键技术[J]. 煤炭学报,2020,45(5):1567-1584.
[101] 康红普. 煤炭开采与岩层控制的时间尺度分析[J]. 采矿与岩层控制工程

学报,2021,3(1):5-27.
[102] 杨旭旭,王文庆,靖洪文.围岩松动圈常用测试方法分析与比较[J].煤炭科学技术,2012,40(8):1-5,54.
[103] 靖洪文,李元海,梁军起,等.钻孔摄像测试围岩松动圈的机理与实践[J].中国矿业大学学报,2009,38(5):645-649,669.
[104] 张世雄,张松,任高峰.硐室巷道围岩松弛范围的超声波测试[J].西部探矿工程,2005(1):99-100.
[105] 蔡成国,孟照辉,熊昌盛.围岩松动圈地球物理方法检测[J].西部探矿工程,2004(7):87-89.
[106] 张平松,刘盛东,吴荣新,等.峒室围岩松动圈震波探测技术与应用[J].煤田地质与勘探,2003(1):54-56.
[107] 宋宏伟,王闯,贾颖绚.用地质雷达测试围岩松动圈的原理与实践[J].中国矿业大学学报,2002(4):43-46.
[108] 刘忠锋,康天合,鲁伟,等.煤层注水对煤体力学特性影响的试验[J].煤炭科学技术,2010,38(1):17-19.
[109] 闫立宏,吴基文,刘小红.水对煤的力学性质影响试验研究[J].建井技术,2002(3):30-32.
[110] 潘立友,张立俊,刘先贵.冲击地压预测与防治实用技术[M].徐州:中国矿业大学出版社,2006.
[111] 齐学元.急倾斜煤层水平分段综采放顶煤注水软化技术研究[D].西安:西安科技大学,2010.
[112] 郭海防.水压力作用下煤岩损伤弱化规律研究[D].西安:西安科技大学,2010.
[113] 牛钦环.含水煤样剪切破坏损伤规律试验研究[D].徐州:中国矿业大学,2017.
[114] 秦虎,黄滚,王维忠.不同含水率煤岩受压变形破坏全过程声发射特征试验研究[J].岩石力学与工程学报,2012,31(6):1115-1120.
[115] 陈田,姚强岭,杜茂,等.浸水次数对煤样裂隙发育损伤的实验研究[J].岩石力学与工程学报,2016,35(增刊2):3756-3762.
[116] 朱德福,屠世浩,王方田,等.浅埋房式采空区煤柱群稳定性评价[J].煤炭学报,2018,43(2):390-397.
[117] 屠洪盛,屠世浩,白庆升,等.急倾斜煤层工作面区段煤柱失稳机理及合理尺寸[J].中国矿业大学学报,2013,42(1):6-11,30.
[118] 白庆升,屠世浩,王方田,等.浅埋近距离房式煤柱下采动应力演化及致灾

机制[J]. 岩石力学与工程学报，2012，31(增刊 2)：3772-3778.
[119] WANG F T，ZHANG C. Reasonable coal pillar design and remote control mining technology for highwall residual coal resources[J]. Royal society open science，2019，6(4)：181817.
[120] 王方田，尚俊剑，赵宾，等. 切顶卸压沿空留巷围岩结构特征及锚索强化支护技术[J]. 岩石力学与工程学报，2021，40(11)：2296-2305.
[121] 张农，韩昌良，阚甲广，等. 沿空留巷围岩控制理论与实践[J]. 煤炭学报，2014，39(8)：1635-1641.
[122] 孙志勇，张镇，王子越，等. 水力压裂切顶卸压技术在大采高留巷中的应用研究[J]. 煤炭科学技术，2019，47(10)：190-197.
[123] 杨战标，赵万里，丁坤朋，等. 定向爆破技术在沿空留巷中的应用[J]. 煤炭工程，2020，52(11)：52-56.
[124] 司瑞江，李飞鹏，赵璐璐，等. 区段大煤柱水力压裂切顶护巷技术研究[J]. 煤炭科学技术，2020，48(7)：282-287.
[125] 周克明，杨建喜，钱亚俊，等. 光纤光栅仪器在引水工程中的应用[J]. 水利信息化，2015(4)：44-47，51.
[126] 刘懿俊. 光纤光栅仪器在长隧洞地质灾害监测中的应用[J]. 建筑技术开发，2019，46(10)：157-158.
[127] 梁磊.光纤光栅智能材料与结构理论和应用研究[D].武汉：武汉理工大学，2005.
[128] 王静. 光纤光栅多参数传感理论技术研究及在地下工程灾害监测中的应用[D].济南：山东大学，2011.
[129] 汤树成，张杰，张恒，等. 光纤光栅传感技术在煤矿安全监测系统中的应用[J]. 工矿自动化，2014，40(7)：41-44.